现代土木工程及其钢结构研究

李 玲 孙晓斌 周晴晴◎著

吉林科学技术出版社

图书在版编目（CIP）数据

现代土木工程及其钢结构研究 / 李玲，孙晓斌，周晴晴著. -- 长春：吉林科学技术出版社，2023.3

ISBN 978-7-5744-0246-1

Ⅰ．①现… Ⅱ．①李… ②孙… ③周… Ⅲ．①土木工程－研究②钢结构－研究 Ⅳ．①TU

中国国家版本馆 CIP 数据核字(2023)第 062077 号

现代土木工程及其钢结构研究

作　者	李　玲　孙晓斌　周晴晴	
出 版 人	宛　霞	
责任编辑	管思梦	
幅面尺寸	185 mm×260mm	
开　本	16	
字　数	247 千字	
印　张	11	
版　次	2023 年 3 月第 1 版	
印　次	2023 年 3 月第 1 次印刷	

出　版　吉林科学技术出版社

发　行　吉林科学技术出版社

地　址　长春市净月区福祉大路 5788 号

邮　编　130118

发行部电话/传真　0431-81629529　81629530　81629531
　　　　　　　　　81629532　81629533　81629534

储运部电话　0431-86059116

编辑部电话　0431-81629518

印　刷　北京四海锦诚印刷技术有限公司

书　号　ISBN 978-7-5744-0246-1

定　价　65.00 元

前　言

随着全球经济的发展，材料与设备日新月异，防灾减灾能力可靠性提高，服务领域多样化，信息技术、生态技术、节能技术等逐步与土木工程有机结合，土木工程正成为众多新技术的复合载体。未来的土木工程必将呈现出结构大型化、复杂化、多样化、施工技术精细化的特点。同时，可持续发展的理念已经成为全世界经济社会发展的共识，绿色环保、节能减排等新形势对未来土木工程的发展提出了更高的要求。把握土木工程发展趋势，抓住历史机遇，与时俱进，提升自身创造力，使我国土木工程科技跻身世界领先行列，是土木工程专业大学生的历史使命和责任，更是未来土木工程师的历史使命和责任。

伴随我国市场经济的飞速发展，材料科学、计算与设计方法、连接技术、制作与安装技术的进步，钢结构在我国的应用从工业厂房到各类大型公共建筑，从民用建筑到桥梁、塔架、高耸结构等越来越广，各种新型钢结构建（构）筑物越来越多地成为城市标志性建筑。与此同时，许多不同类型、不同原因、不同程度的钢结构工程事故时有发生，特别是一些重大钢结构事故，造成了严重的人员伤亡和经济损失。因此，在钢结构建筑的整个寿命周期内，要保证科学、准确地检测评定钢结构建筑的相关性能，保障建筑物整个寿命周期内的安全使用，开展钢结构工程质量检测与评定技术研究具有重要的现实意义。

在上述背景下，为满足国家建设对土木工程卓越人才的迫切需求编写了本书，本书共包括六个章节，第一章介绍了土木工程的施工准备工作、管理优化建议以及土木工程中BIM 技术的运用；第二章主要介绍了土木工程材料的基本性质和常见类型、土木工程的功能与装饰材料以及绿色建筑材料的运用；第三章主要介绍了土木工程测量中的水准与角度测量、距离测量与直线定向、线路工程与建筑施工测量以及土木工程测量中GPS 定位技术的应用；第四章主要介绍了土木工程施工安全管理及创新实践、施工质量管理控制体系与检测信息化以及可持续发展战略分析；第五章主要介绍了建筑结构的组成与分类、抗震设计以及钢结构的连接；第六章介绍了钢结构的加工制作与机具设备、安装施工与维修以及钢结构工程施工的质量控制。

本书可作为土木工程技术、建筑工程技术、建筑施工技术、建筑设计技术、市政工程技术、工程监理、工程造价、工程管理等相关专业的教学用书和参考用书；也可作为广大土木工程设计、施工、科研、工程管理、监理等单位的实用技术参考书。

　　本书在编写过程中，参考了很多专家学者的论著，在此向他们表示衷心的感谢。由于时间仓促，编者水平和经验有限，书中难免有欠妥和错误之处，恳请读者批评指正。

编　者

2022 年 11 月

目　录

第一章　现代土木工程概论

我国经济发展过程中，对土木工程施工技术进行创新是非常重要的一项内容。改革开放以来，我国的经济以及社会都得到了巨大的发展，人们的生活水平以及经济水平都得到了大幅度的提升，土木工程是我国建筑行业中非常重要的一个组成部分，在建筑行业不断发展的背景之下，土木工程有了非常大的发展空间。近几年，土木工程的施工技术也在不断地革新，但由于土木工程的工作比较复杂，所以在实际施工中，其施工技术的运用和创新还有待提高。

第一节　土木工程的施工准备工作

一、施工准备工作的重要性和意义

（一）施工准备工作的重要性

工程建设是人们创造物质财富的重要途径，是我国国民经济的主要支柱之一，建设工程项目总的程序是按照决策、设计、施工和竣工验收四大阶段进行。其中施工阶段又分为施工准备、土建施工、设备安装和交工验收阶段。

施工准备工作是指施工前为了保证整个工程能够按计划顺利施工，在事先必须做好的各项准备工作，具体内容包括为施工创造必要的技术、物资、人力、现场和外部组织条件，统筹安排施工现场，以便施工得以好、快、省、安全地进行，是施工程序中的重要环节。[①]

现代的建筑施工是一项错综复杂的生产活动，它不但需要耗用大量的材料，动用大批的机具设备，组织安排成百上千的各类专业工人进行施工操作，还要处理各种复杂的技术

---

① 王红梅，孙晶晶，张晓丽. 建筑工程施工组织与管理 [M]. 成都：西南交通大学出版社，2016.

问题，协调内、外部的各种关系，涉及面广，情况复杂，可谓千头万绪。如果事先没有统筹安排或准备得不够充分，势必会使某些施工过程出现停工待料，施工时间延长，施工秩序混乱的情况，致使工程施工无法正常进行。因此，事先全面细致地做好施工准备工作，对调动各方面的积极因素，合理组织人力、物力，加快施工进度，提高工程质量，节约资金和材料，提高企业的经济效益，都将起到重要作用。

施工阶段的施工程序是：施工准备、土建施工、设备安装、竣工验收、交付使用。其中，施工准备工作的基本任务是为拟建工程施工建立必要的技术、物资和组织条件，统筹安排施工力量和布置施工现场，确保拟建工程按时开工和持续施工。实践经验证明，严格遵守施工程序，按照客观规律组织施工，及时做好各项施工准备工作，是工程施工能够顺利进行和圆满完成施工任务的重要保证。

（二）施工准备工作的意义

为了保证工程的顺利开工和施工活动的正常进行，需要事先做好各项准备工作。施工准备工作是施工程序中的重要环节，不仅是开工之前的得要内容，而且贯穿整个施工过程之中，应根据施工顺序的先后，有计划、有步骤、分阶段地进行。

做好施工准备工作具有以下重要意义：

1. 遵循建筑施工程序

施工准备是建筑施工程序的一个重要阶段。现代工程施工是十分复杂的生产活动，其技术规定和社会主义市场经济规律要求工程施工必须严格按建筑施工程序进行。只有认真做好施工准备工作，才能取得良好的建设效果。

2. 降低施工风险

就工程项目施工的特点而言，其生产受外界干扰及自然因素的影响较大，因而施工中可能遇到的风险较多。只有充分做好施工准备工作，采取预防措施，加强应变能力，才能有效地降低风险和损失。

3. 创造工程开工和顺利施工条件

工程项目施工中不仅需要耗用大量材料，使用多种机械设备，组织安排各工种、人力，涉及广泛的社会关系，还要处理各种复杂的技术问题，协调各种配合关系，因而需要统筹安排和周密准备，才能使工程顺利开工，并在开工后能连续、顺利地施工，以及能得到各方面条件的保证。

4. 提高企业经济效益

认真做好工程项目施工准备工作，能调动各方面的积极因素，合理组织资源配置，提高工程质量，降低工程成本，从而提高企业的经济效益和社会效益。实践证明，施工准备工作的好坏，将直接影响建筑产品生产的全过程。凡是重视和做好施工准备工作，积极创造一切有利施工条件的工程，往往能顺利开工并取得施工的主动权；工程项目虽有施工程序，但忽视施工准备工作或工程仓促开工，必然在工程施工中受到各种矛盾掣肘，处处被动，甚至造成重大的经济损失。

二、施工准备工作的分类和内容

（一）施工准备工作分类

1. 按施工准备工作的范围不同进行分类

（1）施工总准备

它是以整个建设项目为对象而进行的各项施工准备。其作用是为整个建设项目的顺利施工创造条件，既为全场性的施工活动服务，也兼顾单位施工条件的准备。

（2）单项工程施工条件准备

它是以一个建筑物或构筑物为对象而进行的各项施工准备。其既要为单项工程做好一切准备，又要为分部工程施工进行作业条件的准备。

（3）分部工程作业条件准备

它是以一个分部工程或冬、雨期施工工程为对象而进行的作业条件准备。

2. 按工程所处的施工阶段不同进行分类

（1）开工前的施工准备工作

它是在拟建工程正式开工之前所进行的、带有全局性和总体性的施工准备。其作用是为工程开工创造必要的施工条件。它既包括全场性的施工准备，又包括单项、单位工程施工条件准备。

（2）各阶段施工前的施工准备

它是在工程开工后，某一单位工程或某个分部工程或某个施工阶段、某个施工环节施工前所进行的带有局部性或经常性的施工准备。其作用是为每个施工阶段创造必要的施工条件，一方面，它是开工前施工准备工作的深化和具体化；另一方面，要根据各施工阶段的实际需要和变化情况随时做出补充、修正与调整。如一般框架结构建筑施工，可以分为地基基础工程、主体结构工程、屋面工程、装饰装修工程等施工阶段，每个施工阶段的施工内容不同，所需要的技术条件、物资条件、组织措施要求和现场平面布置等方面也就不同，因此，在每个施工阶段开始之前，都必须做好相应的施工准备。因此，施工准备工作具有整体性与阶段性的统一，且体现出连续性，必须有计划、有步骤，分期、分阶段进行。

（二）施工准备工作的内容

施工准备工作通常包括技术资料准备、施工现场准备、物资准备、施工组织准备和对外工作准备五个方面。

1. 技术资料准备

技术资料准备即通常所说的"内业"工作，是施工准备工作的核心，是确保工程质量、工期，施工安全和降低工程成本，增加企业经济效益的关键。其主要内容包括熟悉与会审施工图纸，调查研究与收集资料，编制施工组织设计、编制施工预算。

（1）熟悉与会审施工图纸

①熟悉与会审施工图纸的目的

a. 充分了解设计意图、结构构造特点、技术要求、质量标准，以免发生施工指导性错误。

b. 及时发现施工图纸中存在的差错或遗漏，以便及时改正，确保工程顺利进行。

c. 结合具体情况，提出合理化建议和协商有关配合施工等事宜，以确保工程质量，降低工程成本和缩短工期。

②熟悉施工图纸的要求和重点内容

a. 熟悉施工图纸的要求

先粗后细，先小后大，先建筑后结构，先一般后特殊，图纸与说明结合，土建与安装结合，图纸要求与实际情况结合。

b. 熟悉施工图纸的重点内容

（a）基础部分：应核对建筑、结构、设备施工图纸中有关基础留洞的位置尺寸，标高，地下室的排水方向，变形缝及人防出口的做法，防水体系的包圈和收头要求等是否一致并符合规定。

（b）主体结构部分：主要掌握各层所用砂浆、混凝土的强度等级，墙、柱与轴线的关系，梁、柱配筋及节点做法，悬挑结构的锚固要求，楼梯间的构造做法等，核对设备图和土建图上洞口的尺寸与位置关系是否准确一致。

（c）屋面及装修部分：主要掌握屋面防水节点做法，内外墙和地面等所用材料及做法，核对结构施工时为装修施工设置的预埋件、预留洞的位置，尺寸和数量是否正确。

在熟悉图纸时，对发现的问题应在图纸的相应位置做出标记，并做好记录，以便在图

纸会审时提出意见，协商解决。

③施工图纸会审

施工图纸会审一般由建设单位组织，设计单位、施工单位参加。会审时，首先，由设计单位进行图纸交底，主要设计人员应向与会者说明拟建工程的设计依据、意图和功能要求，并对特殊结构，新材料、新工艺和新技术的选用和设计进行说明；其次，施工单位根据熟悉审查图纸时的记录和对设计意图的理解，对施工图纸提出问题、疑问和建议；最后，在三方统一认识的基础上，对所探讨的问题逐一做好协商记录，形成"图纸会审纪要"，由建设单位正式行文参加会议的单位共同会签、盖章，作为与施工图纸同时使用的技术文件和指导施工的依据，并列入工程预算和工程技术档案。

（2）调查研究与收集资料

我国地域辽阔，各地区的自然条件、技术经济条件和社会状况等各不相同，因此，必须做好调查研究，了解当地的实际情况，熟悉当地条件，掌握第一手资料，作为编制施工组织设计的依据。其主要内容包括技术经济资料的调查、建设场址的勘察、社会资料调查等。

（3）编制施工组织设计

施工组织设计是规划和指导拟建工程从施工准备到竣工验收的施工全过程中各项活动的技术、经济和组织的综合性文件。施工总承包单位经过投标、中标承接施工任务后，即开始编制施工、组织设计，这是拟建工程开工前最重要的施工准备工作之一。施工准备工作计划则是施工组织设计的重要内容之一。

（4）编制施工预算

施工预算是在施工图预算的控制下，按照施工图拟定的施工方法和建筑工程施工定额，计算出各工种工程的人工、材料和机械台班的使用量及其费用，作为施工单位内部承包施工任务时进行结算的依据，同时也是编制施工作业计划、签发施工任务单、限额领料、基层进行经济核算的依据，还是考核施工企业用工状况、进行施工图预算与施工预算的"两算"对比的依据。

2. 施工现场准备

施工现场是参加建筑施工的全体人员为优质、安全、低成本和高速度完成施工任务而进行工作的活动空间。施工现场准备工作是为拟建工程施工创造有利的施工条件和物资保证的基础。其主要内容包括：拆除障碍物；做到"七通一平"；做好施工场地的控制网测量与放线工作；搭设临时设施；安装调试施工机具，做好建筑材料、构配件等的存放工作；做好季节性施工准备；设置消防、保安设施和机构。

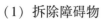

（1）拆除障碍物

拆除施工范围内的一切地上、地下妨碍施工的障碍物。该任务通常由建设单位来完成，但有时也委托施工单位完成。拆除障碍物时，必须事先找全有关资料，摸清底细，资料不全时，应采取相应防范措施，以防发生事故。架空线路、地下自来水管道、污水管道、燃气管道、电力与通信电缆等的拆除，必须与有关部门取得联系，并办好相关手续后方可进行，最好由有关部门自行拆除或承包给专业施工单位拆除。现场内的树木应报园林部门批准后方可砍伐。拆除房屋必须在水源、电源、气源等截断后方可进行。

（2）做到"七通一平"

"七通"包括在工程用地范围内，接通施工用水、用电、道路、供暖、通信［电话（IDD、DDD）、传真、电子邮件、宽带网络、光缆等］及燃气（煤气或天然气），保证施工现场排水及排污畅通；"一平"是指场地平整。

（3）做好施工场地的控制网测量与放线工作

按照设计单位提供的建筑总平面图和城市规划部门给定的建筑红线桩或控制轴线桩及标准水准点进行测量放线，在施工现场范围内建立平面控制网、标高控制网，并对其桩位进行保护；同时还要测定出建筑物、构筑物的定位轴线、其他轴线及开挖线等，并对其桩位进行保护。

测量放线是确定拟建工程的平面位置和标高的关键环节，施测中必须认真负责，确保精度，杜绝差错。为此，施测前应对测量仪器、钢尺等进行检验校正；同时对规划部门给定的红线桩或控制轴线桩和水准点进行校核，如发现问题，应提请建设单位迅速处理。建筑物在施工场地中的平面位置是依据设计图中建筑物的控制轴线与建筑红线间的距离测定的，控制轴线桩测定后应提交有关部门和建设单位进行验线，以便确保定位的准确性。沿建筑红线的建筑物控制轴线测定后，还应由规划部门进行验线，以防建筑物压红线或超出红线。

（4）搭设临时设施

施工现场所需的各种生产、办公、生活、福利等临时设施，均应报请规划、市政、消防、交通、环保等有关部门审查批准，并按施工平面图中确定的位置、尺寸搭设，不得乱搭乱建。为了施工方便和行人安全，应采用符合当地市容管理要求的围护结构将施工现场围起来，并在主要出入口处设置标牌，标明工地名称、施工单位、工地负责人等内容。

（5）安装调试施工机具，做好建筑材料、构配件等的存放工作

按照施工机具的需要量及供应计划，组织施工机具进场，并安置在施工平面图规定的地点或库棚内。固定的机具就位后，应做好搭棚、接电源水源、保养和调试工作；所有施工机具都必须在正式使用之前进行检查和试运转，以确保正常使用。

按照建筑材料、构配件和制品的需要及供应计划，分期分批地组织进场，并按施工平面图规定的位置和存放方式存放。

3. 物资准备

建筑材料、构配件、工艺机械设备、施工材料、机具等施工用物资是确保拟建工程顺利施工的物质基础，这些物资的准备工作必须在工程开工前完成，并根据工程施工的需要和供应计划，分期分批地运达施工现场，以满足工程连续施工的要求。

4. 施工组织准备

施工组织准备是确保拟建工程能够优质、安全，低成本、高速度按期建成的必要条件。其主要内容包括：建立拟建项目的领导机构，集结精干的施工队伍，加强职业培训和技术交底工作，建立健全各项规章与管理制度。

工程项目是否能够按照预期目标顺利完成，在很大程度上取决于承担这一工程的施工人员的素质。现场施工人员包括施工管理层人员和施工作业层人员两大部分。现场施工人员准备是开工前施工准备工作的一项重要内容。[①]

5. 对外工作准备

施工准备工作除了要做好企业内部和施工现场准备工作外，还要同时做好对外协作的有关准备工作。主要包括：

（1）选定材料、构配件和制品的加工订购地区和单位，签订加工订货合同；

（2）确定外包施工任务的内容，选择外包施工单位，签订分包施工合同；

（3）施工准备工作基本满足开工条件要求时，应及时填写开工申请报告，呈报上级批准。

三、施工准备工作计划的编制与实施

为了落实各项施工准备工作，加强对其检查和监督，必须根据各项施工准备工作的内容、时间和人员，编制出施工准备工作计划。[②]

将施工准备工作的内容，逐项确定完成日期，落实具体负责人。单位工程施工准备工作包括以下内容：

1. 现场障碍物清理及场地平整。

2. 临时设施的搭建。

3. 暂设水电管线的安装。

① 彭仁娥. 建筑施工组织［M］. 北京：北京理工大学出版社，2016.
② 刘勤. 建筑工程施工组织与管理［M］. 北京：阳光出版社，2018.

4. 场内交通道路。

5. 排水沟的修筑以及人工降低地下水位。

6. 材料、机具设备及劳动力进场。

7. 加工订货及设备的落实。

施工准备工作计划表格的格式见表 1-1。

表 1-1　施工准备工作计划表

序号	项目	准备工作内容	做法要求	完成日期	负责人	涉及单位	备注

由于各项施工准备工作不是分离、孤立的，而是互相补充、互相配合的，为了提高施工准备工作的质量，加快施工准备工作的速度，除了用表 1-1 编制施工准备工作计划外，还可采用编制施工准备工作网络计划的方法，以明确各项准备工作之间的逻辑关系，找出关键线路，并在网络计划图上进行施工准备工期的调整，尽量缩短准备工作的时间，使各项工作有领导、有组织、有计划和分期分批地进行。

四、施工准备工作的要求

除了编制施工准备工作计划表之外，还须注意以下要求：

1. 建立严格的施工准备工作责任制与检查制度。各级技术负责人是各施工准备工作的负责人，负责审查施工准备工作计划和施工组织计划，督促各项准备工作的实施，及时总结经验教训。

2. 施工准备工作应取得建设单位、设计单位及各有关协作单位的大力支持，相互配合、互通情况，为施工准备工作创造有利的条件。

3. 严格遵守建设程序，执行开工报告制度。当施工准备工作完成到具备开工条件后，项目经理部应申请开工报告，报上级批准后方可开工。实行建设监理的工程，还应将开工报告送监理工程师审批，由监理工程师签发开工通知书。

4. 施工准备必须贯穿在整个施工过程中，应做好以下四个结合：设计与施工相结合；室内准备与室外准备相结合；土建工程与专业工程相结合；前期准备与后期准备相结合。

五、原始资料调查研究

原始资料的调查研究是施工准备工作的一项重要内容，也是编制施工组织设计的重要依据。尤其是当施工单位进入一个新的城市或地区，对建设地区的技术经济条件、场地特征和社会情况等不熟悉时显得尤为重要。原始资料的调查研究应有计划、有目的地进行，事先应拟定详细的调查提纲，调查范围、内容等应根据拟建工程规模、性质、复杂程度、工期及对当地了解程度确定。对调查收集的资料应注意整理归纳、分析研究，对其中特别重要的资料，必须复查数据的真实性和可靠性。

（一）项目特征与要求的调查

施工单位应按所拟定的调查提纲，首先向建设单位、勘察设计单位收集有关项目的计划任务书、工程选址报告、初步设计、施工图以及工程概预算等资料（表1-2）；向当地有关行政管理部门收集现行的项目施工相关规定、标准以及与该项目建设有关的文件等资料；向建筑施工企业与主管部门了解参加项目施工的各家单位的施工能力与管理状况等。

表1-2 向建设单位与设计单位调查的项目

序号	调查单位	调查内容	调查目的
1	建设单位	1. 建设项目设计任务书、有关文件 2. 建设项目性质、规模、生产能力 3. 生产工艺流程、主要工艺设备名称及来源、供应时间、分批和全部到货时间 4. 建设期限、开工时间、交工先后顺序、竣工投产时间 5. 总概算投资、年度建设计划 6. 施工准备工作计划的内容、安排、工作进度表	1. 施工依据 2. 项目建设部署 3. 制订主要工程施工方案 4. 规划施工总进度计划 5. 安排年度施工进度计划 6. 规划施工总平面 7. 确定占地范围
2	设计单位	1. 建设项目总平面图规划 2. 工程地质勘察资料 3. 水文勘察资料 4. 项目建筑规模，建筑、结构、装修概况，总建筑面积、占地面积 5. 单项（单位）工程个数 6. 设计进度安排 7. 生产工艺设计、特点 8. 地形测量图	1. 规划施工总平面图 2. 规划生产施工区、生活区 3. 安排大型临建工程 4. 概算施工总进度 5. 规划施工总进度 6. 计算平整场地土石方量 7. 确定地基、基础施工方案

（二）交通运输条件的调查

交通运输方式一般常见的有铁路、水路、公路、航空等。交通运输资料可向当地铁路、公路运输和航运、航空管理部门调查，主要为组织施工运输业务，选择运输方式，提供技术经济分析比较的依据，见表1-3。

表1-3　交通运输条件调查的项目

序号	调查项目	调查内容	调查目的
1	铁路	1. 邻近铁路专用线、车站到工地的距离及沿途运输条件 2. 站场卸货线长度、起重能力和储存能力 3. 装载单个货物的最大尺寸、重量的限制	
2	公路	1. 主要材料产地到工地的公路等级、路面构造、路宽及完成情况，允许最大载重量，途经桥涵等级、允许最大尺寸、最大载重量 2. 当地专业运输机构及附近村镇提供的装卸、运输能力（吨公里）、汽车、畜力、人力车数量及运输效率、运费、装卸费 3. 当地有无汽车修配厂、修配能力及到工地距离	1. 选择运输方式 2. 拟订运输计划
3	航运	1. 货源、工地到邻近河流、码头、渡口的距离，道路情况 2. 洪水、平水、枯水期通航的最大船只及吨位，取得船只的可能性 3. 码头装卸能力、最大起重量，增设码头的可能性 4. 渡口的渡船能力，同时可载汽车、马车数、每日次数，为施工提供的运载能力 5. 运费、渡口费、装卸费	

（三）机械设备与建筑材料的调查

机械设备指项目施工的主要生产设备，建筑材料指水泥、钢材、木材、砂、石、砖、预制构件、半成品及成品等。这些资料可以向当地的计划、经济、物资管理等部门调查，主要作为确定材料和设备采购（租赁）供应计划、加工方式、储存和堆放场地以及搭设临时设施的依据，见表1-4。

表 1-4 机械设备与建筑材料条件调查的项目

序号	调查项目	调查内容	调查目的
1	三大材料	1. 本地区钢材生产情况、质量、规格、钢号、供应能力等 2. 本地区木材供应情况、规格、等级、数量等 3. 本地区水泥厂数量、质量、品种、标号、供应能力	1. 确定临时设施及堆放场地 2. 确定水泥储存方式
2	特殊材料	1. 需要的品种、规格、数量 2. 试制、加工及供应情况	1. 制订供应计划 2. 确定储存方式
3	主要设备	1. 主要工艺设备名称、规格、数量及供货单位 2. 供应时间，分批及全部到货的时间	1 确定临时措施及堆放场地 2. 拟定防雨措施
4	地方材料	1. 本地区沙子供应情况、规格、等级、数量等 2. 本地区石子供应情况、规格、等级、数量等 3. 本地区砌筑材料供应情况、规格、等级、数量等	1. 制订供应计划 2. 确定堆放场地

除此之外，还有以下几点需要关注：

1. 水、电、气供应条件的调查

水、电、气及其他能源资料可向当地城建、电力、电信等部门和建设单位调查，主要为选择施工临时供水、供电、供气方式提供技术经济比较分析的依据。

2. 建设地区自然条件的调查

建设地区自然条件的调查主要内容包括对建设地区的气象、地形、地貌、工程地质、水文地质、周围环境、地上障碍物、地下隐蔽物等项调查。这些资料可向当地气象台站、勘察设计单位调查以及施工单位对现场进行勘测得到，为确定施工方法、技术措施、冬雨期施工措施以及施工进度计划编制和施工平面规划布置等提供依据。

3. 劳动力与生活条件的调查

这些资料可向当地劳动、商业、卫生、教育、邮电、交通等主管部门调查，作为拟订劳动力调配计划、建立施工生活基地、确定临时设施面积的依据。

第二节　土木工程的管理优化建议

一、土木工程管理的重要性

（一）保证工程整体质量

建筑行业是关乎民生的行业，是社会正常运行的重要组成部分，我们在日常的工作和生活中，都离不开建筑。土木工程作为工程建设的主体，直接影响着工程的整体质量，是工程项目质量控制中最为重要的环节。土木工程在施工过程中，容易受到气候、天气以及许多偶然因素的影响，如果不能进行有效的管理和控制，就必然会影响施工质量。因此，要加强土木工程的管理工作，严把质量关，做好施工过程中每一个细节的管理工作。例如，在激烈的市场竞争环境下，部分建筑施工企业为了获得更大的利润，随意对设计方案进行修改，采取偷工减料，以次充好的方式，或者不正当的手段进行施工，影响建筑的质量。因此，加强对土木工程施工过程的管理和控制，可以有效避免这种情况的发生，保证建筑工程的整体质量。

（二）保证工程施工和使用安全

土木工程的安全与质量是密不可分的，如果质量不达标，安全也就无从谈起。加强土木工程的管理工作，可以杜绝施工中的不安全因素，保证工程的施工安全；同时，还可以及时发现施工过程中存在的质量隐患，及时进行解决，减少安全事故的发生。因此，对土木工程进行有效管理，可以保证工程的施工和使用安全。

（三）促进建筑企业的发展

土木工程的施工质量，是建筑企业在市场竞争中的标志和直接体现，一个良好的建筑工程，可以体现出建筑企业对于工程施工的态度，以及企业的技术水平。如果建筑三天两头出现质量问题，建筑企业在市场中的信誉就会下降，自然不利于企业的长期发展；而如果建筑质量良好，造价合理，企业在市场中的核心竞争力必然会有所提高，有利于实现企业的可持续发展。

二、土木工程管理的重要影响因素

（一）施工材料

施工材料对土木工程施工质量的影响为一项突出性问题，特别是随着现代工程建设要求的日益提升，加强施工材料管控已成为土木工程亟待解决的问题。随着现代施工材料种类呈现出多元化发展方向，供货商的"鱼龙混杂"使劣质产品层出不穷，给施工质量带来了不可逆转的危害。

（二）施工现场

施工现场对施工质量影响复杂且因素最多。一般情况下，土木工程规模较大且施工环境复杂，不确定因素存在较多，施工质量控制难度较大，综合现场影响因素来看，主要以现场内部与外界环境两个方面为表现。其中现场内部因素主要涉及施工材料与施工工艺管控过程的不足，对施工质量的影响较为直接；而外界环境干扰则包括气候、地质以及不可抗力等因素，其产生概率相对较低，但是影响效果表现严重。

（三）施工管理

施工管理作为影响施工质量的关键性因素，基于当前土木工程施工管理执行情况的分析，管理手段与管理模式虽然日趋多样与先进，但在具体落实过程中并未表现出理想的效果，其中漏洞存在较多，主要表现为管理制度不健全与管理人员能力欠缺两个方面，前者会导致对施工对象难以有效监管，致使施工过程埋下质量隐患，最终表现为质量缺陷；后者则会造成管理任务落实不到位、质控措施执行不严格、干扰因素无法有效排除，最终同样会为施工质量缺陷的产生埋下隐患。

三、土木工程施工管理中存在的问题

（一）施工单位对施工管理的重视不够，忽略施工现场管理

随着社会经济的不断发展和城市建设的不断推进，各类工程项目的数量渐渐增多，这就为土木工程的发展提供了良好的发展条件，但是，这也使得各个施工单位之间的竞争更加激烈。一些施工企业为了能够获得更高的经济效益，只注重对施工成本的控制，对施工管理的重视不够，忽略了对施工现场的质量管理，这就很容易导致施工现场混乱，出现管理不到位的现象，直接影响到工程的质量。在很多的施工现场消防、安全设施无法发挥其

作用，成为应付上级安全检查的摆设；有的施工现场甚至未达到施工建设的标准就开始投入施工建设，出现因为脚手架搭设过于简单、在脚手架上堆放材料或脚手架上不设置排水措施等情况，从而引发一系列安全事故。

（二）土木工程施工质量管理不够，监管机制不健全

许多施工单位不重视土木工程施工管理，不明确施工管理对工程质量和功能的影响，导致大多数施工单位的施工水平和施工管理水平不高。施工管理存在漏洞，监管体制不成系统，管理方法和管理模式存在的巨大缺陷，都会导致施工安全和工程质量出现问题。正是这些漏洞，使得在土木工程施工现场经常会出现现场管理混乱、材料堆放混乱以及施工偷工减料的现象，这会影响到工程的质量，并且会给工程日后的使用留下很多的安全隐患。

（三）忽视土木工程施工管理中质量监控、安全施工的影响

人们在追求工程数量、质量的同时也开始渐渐重视施工安全问题。但是由于施工单位为了能够控制施工成本，缩短施工工期，追赶工程进度，就忽视了施工管理中的安全问题。而且由于土木工程在施工的过程中涉及的范围较广、使用的材料设备较多、施工环节比较复杂，就使得施工管理的工作量较大，需要对各个环节和各项指标进行及时的检测与调控。但是施工单位不重视施工管理的重要性，不重视施工现场施工材料质量监控和安全施工管理，在施工现场存在较多的问题，这些问题都会严重影响施工管理工作的顺利展开。

（四）土木工程施工人员专业素养不高，存在违规操作现象

土木工程施工人员素质水平的高低直接影响到土木工程施工进度和施工质量。施工人员是否掌握规范的施工技术，对工程施工开展有很大的影响。但是在实际施工中，由于施工人员大多是农村来的务工人员，他们的知识水平较低，缺乏专业的施工知识与技巧，不能掌握施工规范，在施工操作中存在一定的违规现象，对工程质量造成了一定的影响。一些施工单位在施工中，为了追赶施工进度就会忽视施工设计流程，擅自加快施工进度，这就会影响到工程质量。

四、土木工程管理的优化建议

土木工程项目经营管理工作，应围绕工程项目的三大建设目标——质量、工期、造价的具体要求，通过合同管理，把工程项目经营管理好。依据 FIDIC 合同条件的规定，国际

惯例的工程项目管理法中，工程建设的三大目标用合同文件的三个方面来要求，即通过技术规范和图纸来要求施工质量；通过有标价的工程量清单来控制工程造价；通过合同条件和施工进度计划来控制工期和相关的法律约束。因此，承包商要经营管理好工程项目，就必须在这些方面多下功夫，多分析研究有关的对策。

（一）加强安全生产教育和预防措施

土木工程项目施工，因其在野外与各种大自然界的困难做斗争，加上高空作业、隧洞作业、地下结构开挖作业等，安全生产的教育和工伤事故的防范尤其重要。各个国家的工程建设工伤率和死亡率都高于其他各项生产作业。从工程实践经验可知：凡是对安全教育重视，安全生产规章制度落实得好的工程公司，其工程质量也好，工程信誉高，经济效益也好；凡是领导者疏忽大意、工程管理不善，安全生产不重视，潜伏着安全事故也不防范的工程公司，往往易发生恶性的人身伤亡事故，还可能引起工人的罢工、工程停工、遭受重大经济损失，也会失去工程信誉。

一般来说，施工中的安全作业主要应注意以下几点：

1. 对于施工现场及其周围的高压电线、变压器等要有醒目的安全标志；对于开挖的地段，如处于交通要道处，应派专人看守，或有明显标志，防止过往行人或车辆不注意而发生事故。

2. 对于基础工程或大量土方开挖施工，要注意预防塌方事故发生，及时采取支护措施，使开挖的边坡保持稳定。

3. 结构工程施工中，对于高楼或江河上的桥梁施工，应绑好安全网，要求工人戴好安全帽，系好安全带，防止落人落物。另外对于架梁等高空起吊设备，注意起吊的安全与平稳。

4. 对于隧道工程项目的施工，要特别注意防止塌方、涌水、毒气窒息、触电等事故。对于长大隧道，要特别注意通风问题，以免发生安全事故。

5. 对于材料和设备储存的仓库或堆放点及施工人员生活区，要特别注意防火安全，应设置足够数量的消防灭火器具、消防水管和消防栓等，以备急需。对于施工专用炸药库等要有专职警卫人员看守。

6. 项目经理要亲自抓安全生产和安全教育，定期召开安全生产会议，检查安全生产规章执行落实情况，建立安全生产奖罚制度，促使人人重视安全生产，安全生产有奖，使安全教育落在实处，收到好的成效。

（二）加强质量管理，改善管理方法

1. 奠定良好的质量管理基础，狠抓工程技术工作

承包商的工程技术管理工作，应该以招标文件和合同中规定的技术规范和图纸为依据，参照工程量清单，制定相应的技术管理制度，做好施工组织设计，采用先进合理的施工工艺和技术，以保证工程质量目标的实现。

（1）熟悉合同条件中的有关技术和质量要求条款

国际通用的 FIDIC 的《土木工程施工合同条款》的通用条款中，强调工程技术和质量的条款共有 22 条，占总条款 72 条的 30%，其中第 6、7、8、11、12 条等，都是对工程质量问题的规定。FIDIC 合同条件第 13 条明确规定：承包商应遵照合同工作，除法律上或实际上不可能做到者外，承包商应严格按照合同进行工程施工和竣工，并修补其任何缺陷，以达到工程师满意的程度。另外还规定了承包商必须严格遵守与执行工程师的指示。

FIDIC 合同条件第 17 条还规定了有关工程施工中的测量问题，要求承包商按照工程师书面通知的基准点、基线进行施工放线，并保证工程各部分的位置、标高、尺寸和基线的正确性。工程师的检查与认可，绝不意味着可解除承包商的责任。

FIDIC 合同条件第 36、37、38、39 条，具体规定了承包商所采购提供的材料、设备，施工的工艺工序、试验方法等，随时随地都要接受工程师的检查和认可，达到工程师满意为止。另外的一些条款还规定了缺陷修补的方法和管理等。有关这方面的合同条款，承包商要了如指掌，并严格遵照执行。

（2）熟悉设计图纸并建立审核把关制度

因为工程项目主要是照图施工，所以，在施工每一阶段或分项分部工程之前，必须事先熟悉和看懂设计图纸，并予以复核和审查。不管是工程师绘制发出或转发来的图纸，还是由承包商设计绘制并经工程师审核同意的图纸，都必须再严格细致地审核其工程各个部位的尺寸、量纲、高程、线型及所用材料标准等，以便及早发现漏、碰、错等问题，将隐患解决在施工作业之前，以免出现缺陷返工或浪费工本。

另外，还要特别注意复核设计图纸与工程量清单是否一致，或与投标书是否相符。若发现较大差异时，应以书面形式向工程师和业主报告，以作为工程变更的内容，在合同工期和工程造价上予以调整。

（3）熟悉并掌握施工技术规范和质量验收标准

施工承包合同中的技术规范和质量标准是搞好工程技术管理的重要依据，该技术规范包括了工程项目的工程规模和范围、施工工艺和方法、工程材料及设备的性能与指标等，对施工过程起着指导和制约作用。技术规范分章节详细论述和规定了对工程项目的一般要

求、特殊要求、工程材料及设备的具体要求、施工进度及合同段的工期要求等，承包商应根据技术规范中制定的质量标准高低不同，在施工过程中有主有次地把好质量关。

（4）做好施工组织与技术设计工作，指导施工进展

施工组织与技术设计，是承包商指导施工的综合而全面的技术文件，并在具体实施之前，报经监理工程师审批同意。一般来说，施工组织设计中要合理安排人力、机具、材料交通运输、临时工程等与工程相关的各个方面，并应与施工进度计划、工程成本计划相一致。还要注意尽可能选择有技术懂专业的精兵强将，采用高、新、先进技术和现代化的电脑管理手段等。使人员和技术水平相协调，发挥出各自的积极作用。

（5）建立必要的技术规章制度，注意完善技术档案工作

例如，工地现场的信息报告联络制度，工地会议制度，及时将有关合同文件、施工日志、规范、图纸、变更令、会议纪要、信函、财务台账等分门别类地归档并保管等。一方面有利于工程进展和竣工资料整理，另一方面也有利于承包商的对内管理及对业主的索赔催款等工作开展。

2. 按照全面质量管理的标准，加强工程质量控制

全面质量管理的意义是：施工项目全体人员参与并关心质量的全员管理；对施工过程中质量都严格把关的全过程管理；施工队伍所有部门都认真贯彻质量标准的全公司综合质量管理。针对这些含义，全面质量管理强调以下几方面：

（1）一切为用户服务的观点

强调工程质量的全面管理要围绕用户展开。从大的方面讲，工程质量的优良除了使工程业主直接受益外，还产生广泛的社会效益和经济效益，直接使广大人民群众受益，这是最广大的用户；从小的方面讲，工程的各道施工作业工序，都必须树立"下道工序就是用户的思想"，这就要求负责本工艺工序施工作业的人员，不仅要做好本工序的工作，把好质量关，还应该想到下道工序，并为下道工序的质量保证提供最大方便。例如桥梁工程施工中预应力混凝土梁的预制施工，主模板工序的作业人员要将模板立好，绑钢筋的施工人员要按图将钢筋按规格、间距等绑扎好，才能使后面的混凝土浇注工序、预应力张拉工序的质量搞好。

从为用户服务的观点出发，承包商必须建立一套内部行之有效的自我质量监督检查体系，以便及时发现问题，防患于未然。FIDIC 合同条件第 15 条规定了承包商的自我监督：只要工程师认为是正确履行合同规定的承包商义务所必需时，承包商应在工程的施工期间及其后提供一切必要的监督。承包商或经工程师批准的一位合格的并授权的代表应用其全部时间对该工程进行监督，上述批准可由工程师随时撤回。该授权代表应代表承包商接受工程师的指示，或根据第 2 条的规定接受工程师代表的指示。FIDIC 合同条件的第 15 条强

调了对工程的监督管理，要求承包商的工程质量必须经自有的质量监督检查体系验收后，才由监理工程师再检查验收。

（2）防检结合，以防为主，重在提高的观点

工程质量的全面管理依据是"产品的质量稳定取决于生产工序基本稳定"的规律，结合施工的特点，应确立"防检结合，以防为主，重在提高"的观点。不仅要对工程质量的结果进行管理，更重要的是对原因的管理，事先的预测和管理。针对土木工程项目施工，就是要坚持预防质量事故，对施工工艺方法及各施工环节进行事前检查，从工程分包开始把关，检查并试验采购的建筑材料是否符合合同规定的质量标准，检查预防施工工序和方法是否合乎技术标准，对关键工种操作的技术工人要事先培训并进行技术交底，考核其操作水平，合格后才能上岗操作。争取把施工质量事故消灭在萌芽状态。若施工现场经检查发现质量问题，应立即进行修改和补救，以免形成隐患，使质量事故扩大。特别对于须隐蔽和覆盖的工程部位，承包商在自我检查后，要及时通知监理工程师进行检查和验收批准，而后才能隐蔽和覆盖进行下一道施工工序。例如桥梁的明挖扩大基础，挖至设计标高时，一定要检查与设计要求的地基土及承载力是否相符，并经监理工程师认可后，才可进行基础混凝土的施工。承包商避免了工程质量事故，减少返工次数或杜绝了返工，就争取了较好的经济效益。

（3）一切用数据说话的观点

工程施工的全面质量管理既要求有定性的变化趋势的预测、分析和判断，又要求有尽可能详细精确的定量描述，以确定质量管理的具体标准。定量的评定方法是以定性分析为基础，而定性的方法又往往以定量分析为前提，定量分析比定性分析更为精确。结合土木工程项目施工的实践，对材料的性能试验分析，对各工序施工质量的抽检试验，对外观的评定等都要用数据、图表和具体的质量指标来评比、衡量和批准其合格。例如，对混凝土要用其抗拉、抗压、抗弯强度等来评定，对钢筋则要用抗拉、抗压、弯折、韧性、可焊性等一系列数据标准来评定等级。

对于用数据说话的定量标准，在获得和运用数据时必须注意所收集获得数据的真实性和可靠性，要剔除和防止假数据，以免造成错误的判断。另外，要重视收集综合全体的数据并要系统地积累。对于已有数据要进行统计并分析，以找出数据中存在的质量差异的规律性东西，进行较好的质量控制。

要保证工程施工质量全优达标，就应该根据工程项目的客观规律要求，发挥人的主观能动性，从工程项目的设计阶段、施工准备阶段、施工实施阶段、竣工验收阶段直到缺陷责任期的缺陷修补阶段，自始至终贯彻质量全面管理的标准和程序，使参加工程施工及管理的全体人员分工负责，各司其职，以保证工程项目质量目标的实现。

（三）降低土木工程的成本

1. 定期进行工程成本核算工作

按每月实际完成并计量的工程量，以投标时所报的有标单价的工程量清单为依据，计算出已完工程的合同款额，与施工现场的实际工程成本开支相对比，通过计划工程成本和实际工程成本的比较，对不应超支的款额进行分析查找原因，并制定出有效措施及时予以制止和改正。

2 定期定时地及时上报已完工程的进度款报表

一般每月进行一次工程进度款的计量与支付的月结算，并要求监理工程师予以审核批准签字，然后由业主付款。

3. 加强工程项目的整体财务管理工作

增收节支，杜绝浪费和不必要的开支，精兵简政，减少不必要的多层次行政管理人员的管理费等付款，减少材料、人员和机械设备的闲置与浪费，使项目获得好的整体效益。

4. 加强施工过程的组织协调与技术管理工作

使各工艺和工序之间衔接紧凑，避免重复或脱节，造成施工力量或资源的浪费，充分发挥工作效率，使各工序都注意成本核算和降低工程成本，以获得好的经济效益。

（四）改变当下的建筑工程管理理念

为了有效提升装配式建筑工程施工管理水平，要依据建筑行业的具体需求有效地创新工程管理理念，管理人员要意识到工程施工管理工作的重要性。传统的建筑工程管理模式中，很多施工企业并不重视组织工作，各个部门之间的配合不到位。因此，需要对装配式建筑施工管理模式进行转变，严格根据建筑工程施工具体状况，做好施工组织管理和协调工作，进而有效地确保管理制度的实施，提升建筑工程施工质量。

（五）采用工程总承包的模式

装配式建筑工程管理工作中，主要通过总承包管理方式进行招投标，可以不断提升工程的施工质量，同时可以提升装配式工程管理总承包的管理和检验通过率。总承包企业要不断提升施工许可、发包承包等各个环节管理水平。

（六）建筑粗放施工，须加强扬尘管控

在很多的建筑工程施工现场，扬尘污染治理并不到位，施工企业没有严格依据"六个百分之百""两个禁止""七个到位"等方面的要求，对于建筑工程施工现场的渣土、沙土、料堆场等原材料摆放区域进行全封闭或者半封闭的处理。没有做好及时的清理和苦盖，在施工现场的道路没有做出清理和洒水措施，在大风天气很容易造成尘土飞扬的现象，导致垃圾增多。尤其是在施工现场进行土石方挖掘的时候，在夜间作业的情况下通常不实施遮盖措施，从而导致扬尘污染加剧。

所以这方面的管理必须做到以下几点：

1. 施工现场要采用封闭式管理的模式。施工企业要严格根据施工现场具体情况设立硬质围挡，同时要做好围挡维护工作。如果施工现场处于城区主干道两侧，施工现场围挡高度不能低于 2.5 米，普通路段不能低于 1.8 米。施工现场要有专人进行冲洗和清洁。确保围挡的整洁性。

2. 施工现场的道路和场地硬化，施工企业要重视对施工现场道路的硬化，对其他区域进行覆盖或者种植临时绿植，对于土方集中摆放区域要采取覆盖或固化处理措施。

3. 覆盖施工现场土方和裸露场地。在建筑工程施工现场的非作业区域的土地和土方摆放区域要严格进行覆盖、固化、绿化等防尘处理，避免出现裸露区域。覆盖网的密度要不能低于 800 目。

第三节　土木工程中 BIM 技术的运用

一、BIM 的概念

BIM（Building Information Modeling），意即建筑信息模型。那么，建筑信息模型又是什么呢？它和人们平时所见的各种形形色色的模型又有什么区别呢？其实，如果把 BIM 中间的字母 I 去掉，那么只剩下 BM，即 Building Modeling——建筑模型。建筑模型既可以是用金属、塑料、木材等做成的实体模型，也可以是用 3ds MAX 等三维建模软件在计算机上生成的数字虚拟模型。这些模型都有一个共同的特点，就是能让人们对建筑物布局有一个感性的认识，能大体了解建筑物各部分间的比例和相互关系。

要从一个 3ds MAX 建成的建筑虚拟模型中知道二层柱的体积是一件非常困难的事情。正因如此，人们希望模型里面能存储一定的信息，供人们随时根据需要进行查询、使用。这样 BM 中就要加入 Information，变成 BIM。

那么 BIM 中的"I"具体包括哪些内容呢？

从理论和概念上讲，这里的"I"可以包括人们所能想得到的任何信息。对一个建筑物而言，在其报建、规划、设计、施工、监理、支付、使用以及维护中的所有信息都可以被存储进去，也可以随时被读取出来，便于使用。这样一来，简单的模型就可以成为复杂的信息中心，在建筑物全生命周期内的各个阶段都能被充分利用，这对任何一个建筑物都很重要。目前，"I"突出地表现在设计和施工阶段，将来会向前移到规划阶段，向后延伸到使用、维护阶段。特别是将BM与现代电子技术、检测技术结合在一起，将对建筑物的设计、施工、运营、控制和减少灾害发生，起到重要作用。

所以，BIM最直接的定义应该是：以三维数字技术为基础，集成了项目各种相关信息的工程数据模型，是对工程项目设施实体与功能特性的数字化表达。

事实上，BIM作为一种管理理念，不只是建筑信息模型这么简单，而是把建筑信息模型作为共享的知识资源，为建筑物从设计、施工、运营及最终的拆除全生命周期过程中的决策和执行提供依据和支持。

二、BIM 模型建立及维护

在建设项目中，需要记录和处理大量的图形和文字信息。传统的数据集成是以二维图纸和书面文字进行记录的，但当引入BIM技术后，将原本的二维图形和书面信息进行了集中收录与管理。在BIM中"I"为BIM的核心理念，也就是"Information"，它将工程中庞杂的数据进行了行之有效的分类与归总，使工程建设变得顺利，减少和消除了工程中出现的问题。但需要强调的是，在BIM的应用中，模型是信息的载体，没有模型的信息是不能反映工程项目的内容的。所以在BIM中"M"（Modeling）也具有相当的价值，应受到相应的重视。BIM的模型建立的优劣，会对将要实施的项目在进度、质量上产生很大的影响。BIM是贯穿整个建筑全生命周期的，在初始阶段的问题，将会被一直延续到工程的结束。同时，失去模型这个信息的载体，数据本身的实用性与可信度将会大打折扣。所以，在建立BIM模型之前一定得建立完备的流程，并在项目进行的过程中，对模型进行相应的维护，以确保建设项目能安全、准确、高效地进行。

在工程开始阶段，由设计单位向总承包单位提供设计图纸、设备信息和BIM创建所需数据，总承包单位对图纸进行仔细核对和完善，并建立BIM模型。在完成根据图纸建立的初步BIM模型后，总承包单位组织设计和业主代表召开BIM模型及相关资料法人交接会，对设计提供的数据进行核对，并根据设计和业主的补充信息，完善BIM模型。在整个BIM模型创建及项目运行期间，总承包单位将严格遵循经建设单位批准的BIM文件命名规则。

在施工阶段，总承包单位负责对BIM模型进行维护、实时更新，确保BIM模型中的信息正确无误，保证施工顺利进行。模型的维护主要包括以下几个方面：根据施工过程中的设计变更及深化设计，及时修改、完善BIM模型；根据施工现场的实际进度，及时修改、更新BIM模型；根据业主对工期节点的要求，上报业主与施工进度和设计变更相一致的 BIM 模型。

在 BIM 模型创建及维护的过程中，应保证 BIM 数据的安全性。建议采用以下数据安全管理措施：BIM 小组采用独立的内部局域网，阻断与因特网的链接；局域网内部采用真实身份验证，非 BIM 工作组成员无法登录该局域网，进而无法访问网站数据；BIM 小组进行严格分工，数据存储按照分工和不同用户等级设定访问和修改权限；全部 BIM 数据进行加密，设置内部交流平台，对平台数据进行加密，防止信息外漏；BIM 工作组的电脑全部安装密码锁进行保护，BIM 工作组单独安排办公室，无关人员不能入内。

三、BIM 模型用于工程量计算和成本控制

成本、质量、工期是传统意义上衡量一个建筑工程项目成败的三个最为重要的目标，而成本控制是贯穿项目全生命周期的工作。在项目的规划设计阶段就需要多次对项目进行成本计算和分析。在项目立项阶段，在可行性研究中，应该对不同建设方案的成本估算，进而最终确定建设方案；在项目扩初设计阶段，应该根据建筑形式和主要设备系统选型对项目进行概算分析。估算和概算都是在工程项目的详细设计尚未完成时进行的，因此，必然具有不准确的特性。通常建设工程项目应该在施工图设计结束后，项目中涉及的各个系统和构件的要求都已经明确的情况下进行精确的成本预算工作。然而这种在设计完全结束后才进行预算的做法存在明显缺陷，因为一旦成本计算结果超过了预先设定的预算范围，则必须应用价值工程分析去消减设计中的功能或质量标准，甚至不得不取消建设项目。理想的做法是在设计的过程中就可以实时计算分析整个项目的成本，从而随时掌握项目的成本构成，同步进行设计决策以保证项目的预算目标。在设计和施工阶段正确应用 BIM 模型，可以有效协助实时成本分析和预算控制。

在项目早期设计阶段，成本计算所能利用的主要信息是建筑物的主要参数，比如各类功能区的面积和体积、车位的个数、电梯的个数等。这个阶段的成本估算主要是通过单位成本法用不同类型的成本单价乘以其数量（比如每平方米办公区域的成本乘以办公区域的总面积），然后将全部类型的成本相加获得。大多数的建筑概念设计软件更多关注建筑设计的造型表达功能，因此，有可能无法定义不同成本类型的空间和构件，也就无法计算其相应的数量信息。因此，如果希望利用 BIM 模型进行项目估算，就必须将概念设计模型导入支持计算主要成本类型数量信息的 BIM 软件。

随着设计的深入，建筑物各系统逐步被细化，因此，利用 BIM 模型进行更精确的工程量提取成为可能，目前市场上绝大部分 BIM 工具软件都具备从设计阶段生成的 BIM 模型提取构件的工程量（面积、体积、长度、数量）并形成报表的能力。但是目前没有任何一种 BIM 建模工具能够提供成本计算软件所需要的完全的电子表格能力，也就是说目前的

BIM 建模软件还不能替代预算软件，因此，预算人员必须仔细衡量自身所具有的 BIM 能力、现有的预算软件以及现有的 BIM 建模工具中对 BIM 模型工程量提取的方法，综合确定利用 BIM 模型辅助预算工作的方法。*BIM Handbook* 一书总结了目前三种主流的 BIM 软件和造价分析软件整合辅助成本计算的方法。

1. BIM 模型输出工程量到造价软件

在中国，主要的造价软件分为算量软件和计价软件。算量软件是用来计算工程量的，根据应用内容不同，又分为土建算量、钢筋算量、安装算量等，主要开发厂商有广联达、鲁班、清华斯维尔、建研科技等。计价软件有的用来套用不同地区的定额（中国计划经济下的特定标准），或用来套用我国清单计价标准的。目前绝大部分国内外的造价软件都是基于电子表格进行工作的，因此，将 BIM 模型中的工程量通过电子表格或者数据库的形式输出到相应的造价软件是最基本的 BIM 辅助预算工作的方法，然而，这种工作模式要求 BIM 模型的创建要严格遵守根据后续造价软件的要求制定的建模规则，才能得到相对精确的结果。

2. 将 BIM 模型和造价软件直接关联

BIM 模型和造价软件可以通过在 BIM 建模软件中添加插件的方式将模型中的构件和造价软件中对该构件的价格定义直接关联。目前国外主要造价软件开发商都针对主流的 BIM 建模软件开发了不同用途的插件，这些开发商和造价软件包括 Saga Timberline 的 Innovaya，U. S. Cost 的 Success Design Exchange 和 Success Estimator，Nomitech 的 CostOS BIM Estimating，Vico software 的 Estimator 等。这些插件或工具帮助造价员将 BIM 模型中的构件和造价软件中组成该构件价格的数据相关联（这些价格信息也可能来自和造价软件相关联的外部价格数据库，比如 R. S. Means）。

造价软件中通过"配方（recipe）"模式定义了各种构件的造价信息。例如，一种类型的现浇钢筋混凝土柱，其造价信息首先被拆分成构筑这个钢筋混凝土柱的四个工序的造价信息，分别是"钢筋绑扎""支模板""浇筑混凝土""面层和饰面"。这个柱的造价就是四个工序造价的总和。而对于每一个工序，又可以拆分成可以计价的人、机、材。比如支模板这道工序，其涉及的人工价格可以通过定义每个模板工的人工时单价、模板工的工作效率以及模板工作量（钢筋混凝土柱的表面积或通过体积换算的面积）进行定义；机械价格可以通过支模板工作中用到的设备的单价、工效、工作量进行类似计算；材料价格可以通过该工序所消耗的材料价格（模板的折旧或租金、钉子等辅料的价格）和工程量信息进行计算。当人工、材料、机械的单价和工效都确定后，如果修改这个钢筋混凝土柱的设计（尺寸、形状、位置等），那么造价软件就可以通过自动计算修改后的工程量更新造价信息。当所有构件的配方信息都被完全定义后，对建筑物的设计进行任何改动，该工程的

总建筑安装造价都会自动更新。

利用这种关联 BIM 模型和造价软件的模式，施工单位可以快速计算工程项目的成本信息，并且在设计发生变更时，可以准确评估由于变更带来的工程量的增减以及相应的成本变化。要实现这种自动关联，前提是工程项目的全部系统（包括土建系统和机电系统，甚至各种辅助系统）都应该整合在统一的 BM 平台上，而这个要求在目前看来对部分承包商或建设项目可能还有困难。要推动这种造价管理模式，需要从两点上进行突破：首先，项目各参与方应该在签订协议的情况下，采用同一种 BIM 应用平台创建模型，或者至少是可以进行无损数据转换的 BIM 应用平台进行协作；其次，适合的项目交付模式也可以促进项目参与方在数据和信息方面的合作，比如建筑施工总承包（Design Build，DB）模式或者目前在欧美兴起的项目整体交付（Integrated Project Delivery，IPD）模式。

3. 使用第三方工程量提取工具

除了上面介绍的利用造价软件在 BIM 建模软件中添加插件的方法关联 BIM 模型构件和其造价信息外，还可以利用第三方开发专门用于工程量提取的软件工具，计算工程量并将其与造价信息相关联。虽然大多数 BIM 建模软件都可以计算工程量，但是 BIM 软件的工程量计算方法有可能和具体工程所需要的工程量计算要求不一致，同时，利用 BIM 软件进行工程量计算也要求造价人员掌握相应的 BIM 软件操作。目前主流的第三方工程量提取软件包括：Autodesk QTO，Exactal CostX，Innovaya. Vico Takeoff Manager 等。这些第三方工具软件都可以手动或自动将 BIM 模型中的构件和造价的"配方"相关联，有的还可以对 BIM 模型中的构件根据其做法说明进行注释，并且以可视化的方式显示工程量提取结果。

使用这种第三方工具软件进行工程量提取，需要注意 BIM 模型的版本变化，一旦 BIM 模型发生了改变，改动后的构件需要重新和造价信息进行关联，以确保造价信息的准确性。如果 BIM 模型和造价信息是通过插件进行关联，一般来说造价软件可以自动追踪 BIM 模型的版本变化，比如 Vico Office 软件可以通过其 Revit 插件发布模型到 Vico Office，而且在 Vico Office 中可以追踪不同 BIM 模型版本变化。第三方工程量提取软件通常需要由造价人员进行版本跟踪，有些工具软件，比如 Innovaya，可以将两次导入的模型中造价发生变化的构件用特殊颜色高亮提示，同时可以用另外一种颜色提示没有被包含在造价统计中的构件。

以上介绍的三种工程量提取的方法可以较为准确地计算项目的成本，但仍然不能达到我国建筑行业规定的预算标准，主要原因有两个：软件的算量规则和施工工艺的定义。目前使用的 BIM 建模软件几乎都是国外研发的产品，因此，不支持我国建筑造价管理规定中的算量规则，比如梁、板、柱交接处构件体积的扣减方法。有些软件虽然可以比较灵活地定义某些规则，但仍然不能完全满足我国概预算要求，而且越是依靠灵活定义进行调整，造价分析的自动化程度越低。目前国内有几家造价软件开发商和 BIM 应用开发商正在对主流的 BIM 建模软件进行二次开发，以期实现符合我国造价标准的自动算量功能。同时，因为造价工作除了算量，还需要考虑计价，而我国从特有的计划经济年代延续下来的定额标准与国外通行的清单计价法存在巨大区别。虽然我国目前也在积极推行清单计价法，但其仍然有定额的影子，因此，计价方面目前还很难直接应用国外的计价软件。目前比较可行的方法是通过符合中国算量标准的方法从 BIM 模型提取工程量后，结合我国的计价软件进行造价管理。有些国外的造价管理软件，比如 Vico Cost Planner，可以非常灵活地定义计价信息，因此可以实现符合中国标准的造价管理，同时也可以利用其附加的施工管理的多种功能，比如成本控制、限额规划等。

四、BIM 模型用于施工分析和进度组织

近年来在建筑施工领域，支持关键路径分析法（CPM）的进度管理软件颇为流行，比如 Microsoft Project，Primavera SureTrak P3/P6 等。随着 BIM 技术的发展，部分施工进度管理软件已经开始将 BIM 模型中的建筑构件和施工进度相关联，并能实现基于位置（location-based）的进度管理，比如 Vico Schedule Planner，能够有效管理从事重复性工作的团队在不同位置进行工作。

利用 BIM 模型辅助施工组织的最直接的效益是，通过将空间建筑构件和施工进度相关联，在三维空间内进行可视化的施工模拟，可以及时发现过去只有经验丰富的项目经理才能发现的施工进度组织问题。这种技术在 BIM 技术领域内被称作 4D 施工模拟，是指在 3D（三维空间）的基础上，在第四个维度（时间）上对施工进度进行可视化处理。

4D 建模技术和相应的应用工具兴起于 20 世纪 80 年代，被用于大型、复杂工程，比如基础设施工程或能源工程，防止由于进度组织不合理造成的工程延期或成本增加。随着建筑工程中 3D 技术的普遍应用，早期的 4D 模拟使用"快照"的方法，手工建立 3D 模型和进度关键阶段（里程碑）的关联。90 年代中后期，4D 模拟的商业软件开始逐步进入市场，允许工程技术人员将 3D 模型中构件或构件组合和施工进度中的任意时间相关联并能生成连续的动画文件。BIM 技术下的 4D 进度模拟可以对同一个项目的不同施工组织进行反复模拟和优化，从而找到最佳施工方案。

要实现 4D BIM 模拟的收益，合理创建 BIM 模型非常重要，同时也要正确选择适合的4D 模拟软件。

根据施工 BIM 模型要求的精度，有可能需要对设计阶段的 BIM 模型进行深化。比如，如果 4D 模拟要求准确反映现浇钢筋混凝土结构的具体施工工艺，那么简单按照钢筋混凝

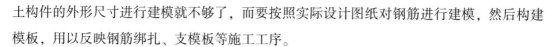

土构件的外形尺寸进行建模就不够了，而要按照实际设计图纸对钢筋进行建模，然后构建模板，用以反映钢筋绑扎、支模板等施工工序。

在用于4D模拟的BIM模型中应该包含施工所需的临时设施并能够反映场地布置情况。

在选择4D模拟软件的时候，要评估其和BIM建模软件所构建的BIM模型的协同能力，主要考虑如下方面。

首先需要评估软件对于不同BIM建模平台创建的BIM模型的兼容能力，考察4D模拟软件可以顺利导入BIM模型中各个构件的哪些属性，比如空间几何信息、构件名称、构件统一编码、颜色、位置等。有些基础4D模拟软件只能从BM模型导入最基本的空间位置和构件名称，其过滤功能和查询功能就非常有限了。

其次要评估软件对于不同施工进度格式文件的导入能力。目前，Microsoft Project是最基本的进度软件，而某些更为专业的进度管理软件，比如Primavera，通过数据库建立进度管理模式，要求相应的4D模拟软件有数据库连接和管理能力，才能导入Primavera创建的施工进度。

4D模拟软件还应该具有对来自不同平台的多个BIM模型进行整合的能力。当土建模型是由一个设计公司提供，而设备安装模型由另外一个公司用不同BIM建模平台创建的时候，优秀的4D模拟软件应该可以导入两个或多个不同格式的模型文件，并将所有构件链接到施工进度。

优秀的4D模拟软件还应该具有对输入的BIM模型进行重组功能。设计阶段设计师创建设计模型时，其对构件的组合一般是基于方便建立设计模型的原则进行的，比如对于所有将要进行批量复制的构件进行组合，然后复制。但这些构件并不一定在施工阶段是同时施工的，所以需要将这些组合在4D模拟软件中打散，然后按照施工进度的规律重新组合。

4D模拟软件还应该具有简单的建模能力。因为从设计师传递过来的BIM模型，一般来说不包含施工组织设计所必需的临时设施，4D模拟人员可以在BIM建模软件中添加所需的临时设施，但也希望4D模拟软件具有简单的添加构件的建模功能，这样，一旦来自各方的模型整合完毕后，如果需要添加某些设施，可以避免很多重复性工作。

模型构件的自动关联功能可以大幅度提高4D模拟的工作效率。优秀的4D模拟软件除了自带的常用的自动关联规则外，还允许用户定制客户化的自动关联规则。比如，将构件名称开头含有"Exterior-Wall 3rd-Floor"（第三层外墙）的所有构件和某一个特定的施工作业相关联，这样就避免了将第三层所有外墙构件一个一个手动与施工计划关联。成功应用自动关联功能的前提是，用于4D模拟的BIM模型的构件命名是符合一定命名标准的。

第二章 现代土木工程材料及其绿色运用

在土木工程各类建筑物中，材料要受到各种物理、化学、力学因素单独及综合作用。例如，用于各种受力结构中的材料，要受到各种外力的作用；而用于其他不同部位的材料，又会受到风霜雨雪的作用；工业或基础设施的建筑物之中的材料，由于长期暴露于大气环境或与酸性、碱性等侵蚀性介质相连接，除受到冲刷磨损、机械振动之外，还会受到化学侵蚀、干湿循环、冻融循环等破坏作用。可见土木工程材料在实际工程中所受的作用是复杂的。因此，对土木工程材料性质的要求是严格和多方面的。

第一节 土木工程材料的基本性质

材料的基本性质是指材料处于不同的使用条件和使用环境时必须考虑的最基本的、共有的性质。土木工程中的建（构）筑物是由各种土木工程材料建造而成的，由于这些土木工程材料在建（构）筑物中所处的部位和环境不同，所起的作用也各有不同，因此，要求各种土木工程材料必须具备相应的基本性质。例如，用于受力结构的材料，要承受各种外力的作用，因此所用的材料要具有所需的力学性质；墙体材料应具有绝热、隔声的性能；屋面材料应具有抗渗防水的性能等。由于建（构）筑物在长期使用过程中，经常受到风吹、日晒、雨淋、冰冻所引起的温度变化、干湿交替、冻融循环等作用，这就要求材料必须具有一定的耐久性能。因此，土木工程材料的应用与其性质是紧密相关的。

一、材料的基本物理性质

（一）体积

1. 材料绝对密实体积。材料绝对密实体积是指不包括材料内部孔隙的固体物质的体积。

2. 材料孔隙体积。材料孔隙体积是指材料所含孔隙的体积。

3. 材料在自然状态下的体积。材料在自然状态下的体积是指材料绝对密实体积与材料所含全部孔隙体积之和。

4. 材料堆积体积。材料堆积体积是指堆积状态下散粒状材料颗粒体积和颗粒之间的间隙体积之和。[①]

（二）密度

1. 密度

密度是指材料在绝对密实状态下，单位体积的质量。

2. 表观密度

材料在自然状态下，单位体积的质量称为材料的表观密度。材料在自然状态下的体积是指材料及所含内部孔隙的总体积。材料在自然状态下的质量与其含水状态关系密切，且与材料孔隙的具体特征有关。故测定表观密度时，必须注明其含水状况。表观密度一般是指材料在气干状态（长期在空气中干燥）下的表观密度。在烘干状态下的表观密度，称为干表观密度。不含开口孔隙的表观密度称为视密度，以排水法测定其体积（对于致密材料即是近似密度）。

3. 堆积密度

粉状、颗粒状或纤维状材料在自然堆积状态下，单位体积的质量称为材料的堆积密度。

材料在自然堆积状态下的体积，是指既含粉状、颗粒状或纤维状材料的固体体积及其闭口、开口孔隙的体积，又含颗粒之间空隙体积的总体积。

粉状、颗粒状或纤维状材料的堆积体积，会因堆放的疏松状态不同而不同，必须在规定的装填方法下取值。因此，堆积密度又有松堆积密度和紧堆积密度之分。

在土木工程中，计算材料用量、构件的自重，配料计算以及确定堆放空间时，经常要用到材料的密度、表观密度和堆积密度等数据。[②]

（三）热膨胀

在受热过程中，材料的体积或长度随温度的升高而增大的现象称为热膨胀，其度量为热膨胀系数（有线膨胀系数和体膨胀系数之分）。常规材料的线膨胀系数是指单位长度材

① 殷和平，倪修全，陈德鹏. 土木工程材料［M］. 武汉：武汉大学出版社，2019.

② 商艳，沈海鸥，陈嘉健. 土木工程材料［M］. 成都：成都时代出版社，2019.

料的长度随温度的变化率，用 α_L 表示（α_V 则表示体膨胀系数），单位为 K^{-1}。陶瓷材料的线膨胀系数一般都不大，为 $10^{-6} \sim 10^{-5} K^{-1}$。材料的热膨胀系数的大小直接与热稳定性有关。一般来说，α_L 小的材料其热稳定性就好，如 Si_3N_4 的 $\alpha_L = 2.7 \times 10^{-6} K^{-1}$，这在陶瓷材料中是偏低的，因此热稳定性较好。碳纤维的热膨胀系数几乎为零。

（四）热稳定性

热稳定性是指材料承受温度的急剧变化而不致破坏的能力，又称抗热震性或耐热冲击强度。材料的热稳定性与材料的热膨胀系数、弹性模量、热导率、抗张强度和材料中气相、玻璃相的含量及其晶相的粒度等有关。由于应用场合的不同，对材料热稳定性的要求也各异。例如，对一般日用陶瓷，只要求能承受温度差为 200℃ 左右的热冲击，而火箭喷嘴则要求瞬时能承受高达 3000℃ ~ 4000℃ 的热冲击，而且要经受高气流的机械和化学作用。

（五）导电性

材料按其导电能力可分为四大类：超导体，$\rho \to 0$；导体，$\rho = 10^{-8} \sim 10^{-5} \Omega \cdot m$；半导体，$\rho = 10^{-5} \sim 10^7 \Omega \cdot m$；绝缘体，$\rho = 10^7 \sim 10^{20} \Omega \cdot m$。

一般来说，金属材料及部分陶瓷材料和高分子材料是导体，普通陶瓷材料与大部分高分子材料是绝缘体。但有意思的是，一些具有超导特性的材料却是陶瓷材料。金属的电导率随温度的升高而降低，半导体、绝缘体及离子材料的电导率则随温度的升高而增大。通常杂质原子使纯金属的电导率下降，这是由于熔质原子熔入后，在固熔体内造成不规则的势场变化而严重影响自由电子的运动。但在陶瓷材料中熔入杂质原子后，常常会使其导电性能提高。适当形式的晶体缺陷对改善陶瓷材料的导电性有重要意义。

二、材料的基本力学性质

材料的力学性质又称机械性质，是指材料在外力作用下的变形性能和抵抗破坏的能力。

（一）材料的强度

材料抵抗外力（荷载）破坏的能力称为材料的强度。材料所受的外力有压缩、拉伸、剪切和弯曲等多种形式。根据材料所受外力的形式不同，材料的强度分为抗压强度、抗拉强度、抗剪强度和抗弯（抗折）强度四种，如图 2-1 所示。

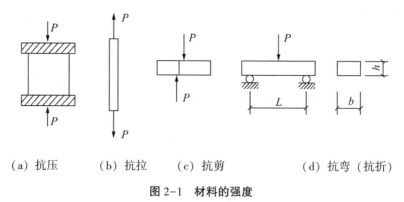

（a）抗压　　　（b）抗拉　　　（c）抗剪　　　（d）抗弯（抗折）

图 2-1　材料的强度

强度是材料的主要技术性质之一。凡是用于承重的各种材料，都规定了有关强度的测定方法和计算方法，并依其主要强度的大小划分为若干个强度等级以供结构设计和施工时合理选用。

（二）弹性与塑性

材料在外力作用下产生变形，当外力撤销时，变形随之消失，这种性质称为弹性。这种变形称为弹性变形。

材料在外力作用下产生变形，当外力撤销后，仍保持已发生的变形，这种性质称为塑性。这种变形称为塑性变形。

单纯弹性的材料是没有的。有的材料（如钢材）在受力不太大时表现为弹性，超过弹性限度之后便出现塑性变形。许多材料（如混凝土等）在受力后，弹性变形和塑性变形同时发生，若撤销外力，其弹性变形将消失，但塑性变形仍残留着（称为残余变形）。这种既有弹性又有塑性的变形称为弹塑性变形。

（三）韧性与脆性

材料受力时，发生较大变形而尚不断裂的性质称为韧性。具有这种性质的材料称为韧性材料，如钢材、木材、塑料、橡胶等都属于韧性材料。

材料受力时，在没有明显变形的情况下突然断裂的性质称为脆性。具有这种性质的材料称为脆性材料，如生铁、混凝土、砖、石、玻璃、陶瓷等。一般来说，脆性材料的抗压强度较高，而抗拉强度比其抗压强度要低得多。

（四）硬度与耐磨性

材料抵抗外物压入或刻画的性质称为硬度。木材、金属等韧性材料的硬度，往往采用压入法来测定。压入法硬度的指标有布氏硬度和洛氏硬度，它等于压入荷载值除以压痕的

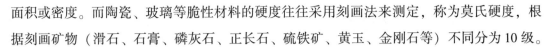

面积或密度。而陶瓷、玻璃等脆性材料的硬度往往采用刻画法来测定，称为莫氏硬度，根据刻画矿物（滑石、石膏、磷灰石、正长石、硫铁矿、黄玉、金刚石等）不同分为10级。

材料抵抗外物磨损的性质称为耐磨性。硬度大、强度高的材料，其耐磨性好。铁路的钢轨和用于路面、地面、桥面、阶梯等部位的材料，都要求使用耐磨性好的材料。

三、材料的耐久性

材料的耐久性泛指材料在使用条件下，受各种内在或外来自然因素及有害介质的作用，能长久地不改变其原有性质，不破坏，长久地保持其使用性能的性质。

（一）材料经受的环境作用

在建（构）筑物使用过程中，材料除内在原因使其组成、构造、性能发生变化外，还长期受到使用条件及环境中许多自然因素的作用，这些作用包括物理、化学、机械及生物的作用。

1. 物理作用

物理作用包括环境温度、湿度的交替变化，即干湿变化、温度变化及冻融变化等。这些作用将使材料发生体积的胀缩，或导致内部裂缝的扩展。时间长久之后会使材料逐渐破坏。

在寒冷地区，冻融变化对材料会起显著的破坏作用。在高温环境下，经常处于高温状态的建（构）筑物，所选用的材料要具有耐热性能。

2. 化学作用

化学作用包括大气、环境水及使用条件下酸、碱、盐等液体或有害气体对材料的侵蚀作用。

3. 机械作用

机械作用包括使用荷载的持续作用，交变荷载引起材料疲劳、冲击、磨损、磨耗等。

4. 生物作用

生物作用包括菌类、昆虫等的作用，使材料腐朽、蛀蚀而破坏。

耐久性是材料的一项综合性质，各种材料耐久性的具体内容，因其组成和结构不同而不同。例如，钢材易受氧化而锈蚀；砖、石料、混凝土等矿物材料，多是由于物理作用而破坏，也可能同时会受到化学作用的破坏；其他无机非金属材料常因氧化、风化、碳化、溶蚀、冻融、热应力、干湿交替作用等而破坏；木材等有机材料常因生物作用腐烂、虫蛀而破坏；沥青材料、高分子材料在阳光、空气和热的作用下会逐渐老化而使材料变脆或开裂而变质。

（二）材料耐久性的测定

对材料耐久性的判断，最可靠的是对其在使用条件下进行长期的观察和测定，但这需要很长时间。为此，通常采用快速检验法进行检验，这种方法是模拟实际使用条件，将材料在实验室进行有关的快速试验，根据试验结果对材料的耐久性进行判定。在实验室进行快速试验的项目主要有干湿循环、冻融循环、加湿和紫外线干燥循环、盐溶液浸渍与干湿循环、化学介质浸渍等。通过这些试验进行材料的抗渗性、抗冻性、抗腐蚀性、抗碳化性、抗侵蚀性、抗碱–骨料反应等检测，用这些综合的性能指标进行材料耐久性的评定。

材料的耐久性指标是根据工程所处的环境条件来决定的。例如，处于冻融环境的工程，所用材料的耐久性以抗冻性指标来表示；处于暴露环境的有机材料，其耐久性以抗老化能力来表示。

（三）提高材料耐久性的意义

在设计建（构）筑物使用材料时，必须考虑材料的耐久性问题，因为只有选用耐久性好的材料，才能保证材料的经久耐用。提高材料的耐久性，可以节约工程材料，保证建（构）筑物长期安全，减少维修费用，延长建（构）筑物使用寿命。

第二节　土木工程材料的常见类型

一、气硬性胶凝材料

胶凝材料是指在一定条件下，经过一系列物理、化学作用，能将散粒材料（砂、石子等）或块状材料（砖、板、砌块等）黏结为一个整体并具有一定强度的材料。

按化学成分的不同，胶凝材料可分为两大类：无机胶凝材料和有机胶凝材料。工程常见无机胶凝材料有水泥、石灰、石膏、水玻璃等；有机胶凝材料有沥青、树脂、有机高分子聚合物等，按硬化条件的不同，无机胶凝材料又可分为两大类：气硬性胶凝材料和水硬性胶凝材料。气硬性胶凝材料只能在空气中硬化、保持或继续发展强度，如石灰、石膏和水玻璃等；水硬性胶凝材料不仅能在空气中，还能更好地在水中硬化、保持或继续发展强度，如各种水泥。

将无机胶凝材料分为气硬性胶凝材料和水硬性胶凝材料，有重要的指导价值。气硬性胶凝材料一般只能适用于地上或干燥环境中，而不宜用于潮湿环境中，更不能用于水中。

水硬性胶凝材料既适用于地上工程，也适用于地下或水中工程。

（一）石灰

石灰是建筑上使用较早的矿物胶凝材料之一，由于其原料丰富，生产简单，成本低廉，胶结性能较好，至今仍广泛应用于建筑中。

1. 石灰的生产

生产石灰的主要原料是石灰岩，其主要成分是碳酸钙和碳酸镁，还有黏土等杂质。此外，还可以利用化工副产品，如用碳化钙制取乙炔时产生的主要成分是氢氧化钙的电石渣等。

高温煅烧碳酸钙时分解和排出二氧化碳而主要得到氧化钙。在实际生产中，为了加快石灰石分解，煅烧温度一般高于900℃，常在1000℃~1200℃，若煅烧温度过低，$CaCO_3$尚未分解，表观密度大，就会产生不熟化的欠火石灰，这种石灰的产浆量较低，有效氧化钙和氧化镁含量低。使用时黏结力不足，质量较差。若煅烧温度过高、时间过长，分解出的CaO与原料中的SiO_2和Al_2O_3等杂质熔结，就会产生熟化很慢的过火石灰。过火石灰如用于工程上，其细小颗粒会在已经硬化的砂浆中吸收水分，发生水化反应而体积膨胀，引起局部鼓泡或脱落，影响工程质量。品质好的石灰煅烧均匀，与水作用速度快，灰膏产量高。所以掌握合适的煅烧温度和时间十分重要。

2. 石灰的熟化和硬化

（1）石灰的熟化

工地上在使用石灰时，通常将生石灰加水，使之消解为膏状或粉末状的消石灰，这个过程称为石灰的熟化，又称石灰的消化或消解。

煅烧良好的石灰的熟化反应速度快，同时会放出大量的热，反应过程中固相体积增大1.5~2倍。如前所述，过火石灰水化极慢，它要在占绝大多数的正常石灰凝结硬化后才开始慢慢熟化，并产生体积膨胀。从而引起已硬化的石灰体发生鼓包、开裂而被破坏。为了消除过火石灰的危害，通常将生石灰放在消化池中"陈伏"14d以上才能使用。陈伏期间，石灰浆表面应保持一层水来隔绝空气，防止碳化。

（2）石灰的硬化

石灰的硬化是指石灰浆体由塑性状态逐步转化为具有一定强度的固体的过程。石灰浆体在空气中逐渐硬化，主要包括以下两个过程：

①干燥结晶硬化过程。石灰浆体在干燥过程中，其游离水分蒸发或被周围砌体吸收，各个颗粒间形成网状孔隙结构，在毛细管压力的作用下，颗粒间距逐渐减小，因而产生一定强度。同时Ca（OH）$_2$逐渐从过饱和溶液中结晶析出，促进石灰浆体的硬化。

②碳化过程。石灰浆体中的 Ca（OH）$_2$ 与空气中的 CO_2 和水反应，生成碳酸钙晶体，释放出的水分则被逐渐蒸发。由于碳化作用实际上是 Ca（OH）$_2$ 与 CO_2 和水形成的碳酸反应，此过程不能在没有水分的全干状态下进行。由于碳化作用主要发生在与空气接触的表层。随时间延长，生成的碳酸钙层达到一定厚度且较致密，会阻碍 CO_2 的渗入，也阻碍其内部水分向外蒸发，因此碳化过程缓慢。

3. 石灰的特性

（1）保水性、可塑性好

由生石灰直接消化所得到的石灰浆体中，能形成颗粒极细的氢氧化钙，表面能吸附一层较厚的水膜，使颗粒间的摩擦力减小，具有良好的可塑性，叫作白灰膏。将白灰膏掺入水泥砂浆中，可配制成混合砂浆，能显著提高砂浆的保水性，适用于吸水性砌体材料的砌筑。

（2）硬化慢，强度低

石灰浆体的硬化只能在空气中进行，由于空气中二氧化碳稀薄，不能提供足够的反应物，使碳化甚为缓慢。而且表面碳化后，形成紧密外壳，不利于碳化作用的深入。也不利于内部水分的蒸发，因此，石灰是硬化缓慢的材料。石灰硬化后的强度也不高，1∶3 的石灰砂浆 28d 抗压强度通常只有 0.2~0.5MPa。

（3）吸湿性强

块状生石灰在放置过程中，会缓慢吸收空气中的水分而自动熟化成消石灰粉，再与空气中的二氧化碳作用生成碳酸钙，从而失去胶结能力。

（4）体积收缩大

由于游离水的大量蒸发，导致内部毛细管失水紧缩，引起体积收缩变形，使石灰硬化体产生裂纹。所以，除调成石灰乳做薄层涂刷外，不宜单独使用。工程上常在其中掺入骨料、各种纤维材料等减少收缩。

（5）耐水性差

石灰硬化体的主要成分是氢氧化钙晶体，遇水或受潮时易溶解，使硬化体溃散，所以石灰不宜在潮湿的环境中使用，也不宜单独用于建筑物基础。

4. 石灰的应用

（1）配制砂浆

由于石灰膏和消石灰粉中的氢氧化钙颗粒非常小，调水后石灰具有良好的可塑性和黏结性，常将其配制成砂浆，用于墙体的砌筑和抹面。石灰膏或消石灰粉与砂和水单独配制成的砂浆称石灰砂浆，与水泥、砂和水一起配制成的砂浆称为混合砂浆。

石灰乳和石灰砂浆应用于吸水性较大的基面（如加气混凝土砌块）上时，应事先将基

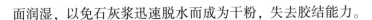

面润湿，以免石灰浆迅速脱水而成为干粉，失去胶结能力。

（2）制作石灰乳涂料

将消石灰粉或熟化好的石灰膏加入适量的水搅拌稀释，形成石灰乳。石灰乳是一种廉价易得的涂料，主要用于内墙和天棚刷白，可增加室内美观度和亮度。石灰乳中可加入各种颜色的耐碱材料，以获得更好的装饰效果；加入少量磨细粒化高炉矿渣粉或粉煤灰，可提高其耐水性；加入聚乙烯醇、干酪素、氯化钙或明矾，可减少涂层粉化现象，提高其耐久性。

（3）拌制三合土和石灰土

石灰与黏土拌和后可制成石灰土，再加砂或炉渣、石屑可制成三合土。三合土和石灰土在强力夯打之下，大大提高了密实度，黏土中的少量活性 SiO_2 和活性 Al_2O_3 与石灰粉水化产物作用，生成了水硬性的水化硅酸钙和水化铝酸钙，从而有一定的耐水性。

三合土和石灰土的应用在我国已有几千年的历史，主要用于建筑物的基础、路面或地面的基层、垫层。

（4）生产硅酸盐制品

以石灰和硅质材料（如粉煤灰、石英砂、炉渣等）为原料，加水拌和，经成型、蒸养或蒸压处理等工序而成的建筑材料，统称硅酸盐制品。如蒸压灰砂砖、粉煤灰砌块/硅酸盐砌块等，主要用作墙体材料。生石灰的水化产物 $Ca(OH)_2$ 能激发粉煤灰、炉渣等硅质工业废渣的活性，起碱性激发作用，$Ca(OH)_2$ 能与废渣中的活性 SiO_2、Al_2O_3 反应，生成有胶凝性、耐水性的水化硅酸钙和水化铝酸钙。此原理在利用工业废渣来生产建筑材料时被广泛采用。

（二）石膏

石膏是一种历史悠久、应用广泛的气硬性无机胶凝材料，其主要化学成分为硫酸钙，其建筑性能优良，制作工艺简单，与石灰、水泥并列为三大胶凝材料：我国石膏资源丰富且分布较广，已探明的天然石膏储量居世界之首。同时，化学石膏生产量巨大。近年来，石膏板、建筑饰面板等石膏制品发展迅速，已成为极有发展前途的新型建筑材料之一。

1. 石膏的生产

根据硫酸钙所含结晶水数量的不同，石膏分为二水石膏（$CaSO_4 \cdot 2H_2O$）、半水石膏（$CaSO_4 \cdot 1/2H_2O$）和无水石膏（$CaSO_4$）。石膏胶凝材料品种很多，建筑上使用较多的是建筑石膏（β 型半水石膏）和高强石膏（α 型半水石膏）。

生产石膏的原料有天然二水石膏、天然无水石膏和化工石膏等。天然二水石膏（$CaSO_4 \cdot 2H_2O$）又称生石膏或软石膏，是生产建筑石膏、高强石膏的主要原料。无水石膏（$CaSO_4$）又称硬石膏，可用于生产无水石膏水泥和高温煅烧石膏等。化工石膏是含有二水石膏（$CaSO_4 \cdot 2H_2O$）的化工副产品及废渣，如磷石膏、氟石膏和排烟脱硫石膏等。

将石膏生产原料破碎、加热和磨细，由于加热方式与加热温度的不同，可生产出不同品种的石膏。

将二水石膏（天然的或化工石膏）在常压下加热到107℃~170℃，使其脱水生成 β 型半水石膏，磨细后即为建筑石膏；二水石膏在加压蒸汽（0.13MPa，125℃）中加热可生成 α 型半水石膏，磨细后即高强石膏。

当加热至170℃~200℃时，石膏继续脱水，成为可溶性硬石膏（$CaSO_4$ Ⅰ），与水调和后仍能很快凝结硬化；当加热高于400℃时，成为不溶性硬石膏（$CaSO_4$ Ⅱ），又称死烧石膏，若加入硫酸盐、石灰、煅烧白云石等激发剂磨细混合，可制得无水石膏水泥；当温度高于800℃时，使部分 $CaSO_4$ 分解成 CaO，磨细后可制成高温煅烧石膏（$CaSO_4$ Ⅲ），又称地板石膏，水化硬化后具有较高的强度，抗水性好，耐磨性高，适宜做地板。

2. 建筑石膏的水化与硬化

（1）建筑石膏的水化

建筑石膏是白色、粉末状材料，易溶于水，干燥状态下的密度为 2.60~2.75g/cm³，堆积密度为800~1000kg/m³。将建筑石膏与适量的水拌和可得到具有可塑性的浆体，构成半水石膏水体系，在该体系中半水石膏将与水发生化学反应生成二水石膏，该反应叫作石膏的水化反应，简称水化。

建筑石膏加水，首先是溶解于水，然后发生上述反应，生成二水石膏。由于二水石膏的溶解度较半水石膏的溶解度小，因此，半水石膏的水化产物二水石膏在过饱和溶液中沉淀并析出，促使上述反应不断向右进行，直至全部转变为二水石膏为止。

（2）建筑石膏的凝结与硬化

随着水化的不断进行，生成的二水石膏胶体微粒不断增多，这些微粒较原来的半水石膏更加细小，比表面积很大，吸附着很多水分；同时浆体中自由水分由于水化和蒸发而不断减少，浆体的稠度不断增加，胶体微粒间的搭接、黏结逐步增强，颗粒间产生摩擦力和黏结力，使得浆体逐渐失去可塑性，即浆体逐渐凝结。随着水化的不断进行，二水石膏胶体微粒凝聚并转变为晶体，彼此互相联结，使石膏具有了强度，即浆体产生了硬化。

浆体的凝结硬化是一个连续进行的过程。浆体开始失去可塑性的状态称为初凝；从加水拌和到发生初凝所用的时间称为初凝时间；浆体完全失去可塑性并开始产生强度的状态称为终凝；从加水拌和到发生终凝所用的时间称为终凝时间。

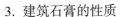

3. 建筑石膏的性质

（1）密度与堆积密度

建筑石膏的密度为 $2600 \sim 2750 kg/m^3$，堆积密度为 $800 \sim 1000 kg/m^3$，属轻质材料。

（2）凝结硬化快

建筑石膏加水拌和后，初凝时间不小于 6min，终凝时间不大于 30min，一周左右完全硬化。施工时可根据需要做适当调整，加速凝固可掺入少量磨细的未经煅烧的石膏；缓凝可掺入硼砂、亚硫酸盐、酒精废液等。

（3）硬化后体积微膨胀

石膏浆体凝结硬化时不像石灰和水泥那样出现体积收缩，反而略有膨胀（膨胀量约0.1%），这一特性使石膏制品在硬化过程中不会产生裂缝，造型棱角清晰饱满，适宜制作建筑艺术配件及建筑装饰件等。

（4）孔隙率大、强度较低

石膏硬化后由于多余水分的蒸发，内部形成大量的毛细孔，石膏制品的孔隙率可达50%~60%，表观密度小，导热性较小，强度较低。而保温、隔热、吸声性能较好，可做成轻质隔板。

（5）具有一定的调湿性

由于石膏制品内部的大量毛细孔隙而产生的呼吸功能，可起到调节室内湿度、温度的作用，从而创造出舒适的工作和生活环境。

（6）防火性能好、耐火性差

建筑石膏制品的防火性能表现在以下三方面：

①在火灾时，二水石膏中的结晶水蒸发成水蒸气，吸收大量热。

②石膏中结晶水蒸发后产生的水蒸气形成蒸汽幕，能阻碍火势蔓延。

③脱水后的石膏制品隔热性能更好，形成隔热层，并且无有害气体产生。

但是，石膏制品若长期靠近 65℃ 以上高温的部位，二水石膏就会脱水分解，强度降低，不再耐火。

（7）耐水性和抗冻性差

由于建筑石膏硬化后孔隙率较大，二水石膏又微溶于水，具有很强的吸湿性和吸水性。如果处在潮湿环境中，晶体间的黏结力就会削弱，强度显著降低，遇水则晶体溶解而引起破坏，所以石膏及其制品的耐水性较差，不能用于潮湿环境中，但经过加工处理可做成耐水纸面石膏板。

4. 建筑石膏的应用

建筑石膏在土木工程中主要用作室内抹灰、粉刷，建筑装饰制品和石膏墙体材料。

（1）室内粉刷及抹灰

粉刷石膏是由建筑石膏或建筑石膏与不溶性硬石膏两者混合后再掺入外加剂、细集料等制成的气硬性胶凝材料，主要用于建筑物内墙表面的粉刷。由于不耐水，故建筑石膏不宜在外墙中使用。粉刷石膏按用途分为三类：面层粉刷石膏（M）、底层粉刷石膏（D）、保温层粉刷石膏（W）。

（2）建筑装饰制品

以杂质含量少的建筑石膏为主要原料，掺入少量纤维增强材料和建筑胶水，再经注模成型、干燥硬化后制成石膏装饰制品。石膏装饰制品的品种有石膏浮雕艺术线条、线板、灯圈、花饰、壁炉、罗马柱等，适用于中高档室内装饰。

（3）石膏墙体材料

石膏墙体材料包括纸面石膏板、空心石膏板、纤维石膏板和石膏砌块等，可作为装饰吊顶、分室墙隔板墙或保温、隔声、防火材料等使用。

（三）水玻璃

水玻璃是一种气硬性胶凝材料，在建筑工程中常用来配制水玻璃胶泥和水玻璃砂浆、水玻璃混凝土，以及单独使用水玻璃为主要原料配置涂料。水玻璃在防酸工程和耐热工程中的应用非常广泛。

1. 水玻璃的生产与组成

（1）水玻璃的生产

制造水玻璃的方法很多，大体分为湿制法和干制法两种。其主要原料是含 SiO_2 为主的石英岩、石英砂、砂岩、无定形硅石及硅藻土等，以及含 Na_2O 为主的纯碱（Na_2CO_3）、小苏打、硫酸钠（Na_2SO）及苛性钠（$NaOH$）等。

①湿制法。该方法生产硅酸钠水玻璃是根据石英砂能在高温烧碱中溶解生成硅酸钠的原理进行的。

②干制法。该方法根据原料的不同可分为碳酸钠法、硫酸法等。最常用的碳酸钠法生产是根据纯碱（Na_2CO_3）与石英砂（SiO_2）在高温（1350℃）熔融状态下反应后生成硅酸钠的原理进行的。其生产工艺主要包括配料、煅烧、浸溶、浓缩几个过程。

所得产物为固体块状的硅酸钠，然后用非蒸压法（或蒸压法）溶解，即可得到常用的水玻璃。如果采用碳酸钾代替碳酸钠，则可得到相应的硅酸钾水玻璃。由于钾、锂等碱金属盐类价格较贵，故相应的水玻璃生产得较少。不过，近年来水溶性硅酸锂的生产也有所发展，多用于要求较高的涂料和胶黏剂。

通常水玻璃成品分为三类：

①块状、粉状的固体水玻璃。它是由熔炉中排出的硅酸盐冷却而得到的，不含水分。

②液体水玻璃。它是由块状水玻璃溶解于水而得到的，产品的模数、浓度、相对密度各不相同。经常生产的品种有：$Na_2O \cdot 2.4SiO_2$溶液，浓度有 40、50 和 56 波美度三种，模数波动于 2.5~3.2；$Na_2O \cdot 2.8SiO_2$ 及 $K_2O \cdot Na_2O \cdot 2.8SiO_2$溶液，浓度为 45 波美度，模数波动于 2.6~2.9；$Na_2O \cdot 3.3SiO_2$溶液，浓度为 40 波美度，模数波动于 3~3.4；$Na_2O \cdot 3.6SiO_2$溶液，浓度为 35 波美度，模数波动于 3.5~3.7。

③含有化合水的水玻璃。这种水玻璃也称为水化玻璃，它在水中的溶解度比无水水玻璃大。

（2）水玻璃的组成

水玻璃俗称"泡花碱"，是一种无色或淡黄、青灰色的透明或半透明的黏稠液体，是一种能溶 于水的碱金属硅酸盐。其化学通式为$R_2O \cdot nSiO_2$。R_2O 为碱金属氧化物，多为 Na_2O，其次是 K_2O；通常把 n 称为水玻璃的模数。我国生产的水玻璃模数一般都在 2.4~3.3 的范围内，建筑中常用模数为 2.6~2.8 的硅酸钠水玻璃。水玻璃常以水溶液的状态存在，表示为$R_2O \cdot nSiO_2 + mH_2O$。

水玻璃在其水溶液中的含量（或称浓度）用相对密度来表示。建筑中常用的水玻璃的相对密度为 1.36~1.5。一般来说，当相对密度大时，表示水溶液中水玻璃的含量高，其黏度也大。

2. 水玻璃的硬化

水玻璃是气硬性胶凝材料，在空气中能与 CO_2 发生反应生成硅胶。硅胶（$nSiO_2 \cdot mH_2O$）脱水析出固态的 SiO_2，但这种反应很缓慢，所以水玻璃在自然条件下的凝结与硬化速度也缓慢。

若在水玻璃中加入固化剂，则硅胶析出速度大大加快，从而加速了水玻璃的凝结与硬化。常用的固化剂为氟硅酸钠（Na_2SiF_6）。生成物硅胶脱水后由凝胶转变成固体 SiO_2，具有强度及 SiO_2 的其他一些性质。

氟硅酸钠的掺量一般情况下占水玻璃质量的 12%~15% 较为适宜。若掺量少于 12%，则其凝结与硬化慢、强度低，并且存在没参加反应的水玻璃，当遇水时，残余水玻璃易溶于水；若其掺量超过 15%，则凝结与硬化快，造成施工困难，水玻璃硬化后的早期强度高而后期强度降低。

水玻璃的模数和相对密度对于凝结、硬化速度影响较大。当模数高时（SiO_2相对含量高），硅胶容易析出，水玻璃凝结、硬化快。当水玻璃相对密度小时，溶液黏度小，反应和扩散速度快，凝结、硬化速度也快。当模数低或者相对密度大时，则凝结、硬化都较慢。

此外，温度和湿度对水玻璃凝结、硬化速度也有明显影响。温度高、湿度小时，水玻璃反应加快，生成的硅酸凝胶脱水亦快；反之水玻璃凝结、硬化速度也慢。

3. 水玻璃的性质与应用

水玻璃通常为青灰色或黄灰色黏稠液体，密度为 $1.38 \sim 1.45 kg/m^3$。水玻璃具有黏结力高、耐热性好、耐酸性强的优点，但耐碱性和耐水性较差。

水玻璃在建筑工程中有以下几方面的用途：

（1）涂刷建筑材料表面，提高材料的抗渗和抗风化能力

用浸渍法处理多孔材料时，可使其密实度和强度提高。对黏土砖、硅酸盐制品、水泥混凝土等，均有良好的效果。但不能用以涂刷或浸渍石膏制品，因为硅酸钠与硫酸钙会发生化学反应生成硫酸钠，在制品孔隙中结晶，体积显著膨胀，从而导致制品的破坏。

（2）配制耐热砂浆、耐热混凝土或耐酸砂浆、耐酸混凝土

水玻璃有很高的耐热、耐酸性，以水玻璃为胶凝材料，氟硅酸钠做促硬剂，耐热或耐酸粗细骨料按一定比例配制而成的制品可用于耐腐蚀工程，如水玻璃耐酸混凝土用于储酸槽、酸洗槽、耐酸地坪及耐酸器材等。

（3）配制快凝防水剂

以水玻璃为基料，加入两种、三种或四种矾配制而成二矾、三矾或四矾快凝防水剂。这种防水剂凝结速度非常快，一般不超过 1min。工程上利用它的速凝作用和黏附性，掺入水泥浆、砂浆或混凝土中，做修补、堵漏、抢修、表面处理用。

（4）加固地基，提高地基的承载力和不透水性

将液体水玻璃和氯化钙溶液交替向土壤压入，反应生成的硅酸凝胶将土壤颗粒包裹并填实其空隙。硅酸胶体是一种吸水膨胀的冻状凝胶，因吸收地下水而经常处于膨胀状态，阻止水分的渗透而使土壤固结。

水玻璃应在密闭条件下存放，以免水玻璃和空气中的二氧化碳反应分解，并避免落进灰尘和杂质。长时间存放后，水玻璃会产生一定的沉淀，使用时应搅拌均匀。

二、水泥

（一）水泥的组成与分类

水泥的品种很多，大多是硅酸盐水泥，其主要化学成分是 Ca、Al、Si、Fe 的氧化物，其中大部分是 CaO，约占 60% 以上；其次是 SiO_2，约占 20%；剩下部分是 Al_2O_3、Fe_2O_3 等。水泥中的 CaO 来自石灰石；SiO_2 和 Al_2O_3 来自黏土；Fe_2O_3 来自黏土和氧化铁粉。

按用途和性能水泥分为通用水泥、专用水泥和特性水泥三类。通用水泥主要有硅酸盐

水泥、普通硅酸盐水泥及矿渣、火山灰质、粉煤灰质、复合硅酸盐水泥等，主要用于土建工程。专用水泥是指有专门用途的水泥，主要用于油井、大坝、砌筑等。特性水泥是某种性能特别突出的水泥，主要有快硬型、低热型、抗硫酸盐型、膨胀型、自应力型等类型。按水硬性矿物组成水泥可分为硅酸盐的、铝酸盐的、硫酸盐的、少熟料的等。

（二）水泥的水化和硬化

水泥的水化和硬化是个非常复杂的物理化学过程，水泥与水作用时，颗粒表面的成分很快与水发生水化或水解作用，产生一系列的化合物，反应如下：

$$3CaO \cdot SiO_2 + nH_2O \longrightarrow 2CaO \cdot SiO_2(n-1)H_2O + Ca(OH)_2$$

$$2CaO \cdot SiO_2 + mH_2O \longrightarrow 2CaO \cdot SiO_2 \cdot mH_2O$$

$$3CaO \cdot Al_2O_3 + 6H_2O \longrightarrow 3CaO \cdot Al_2O_3 \cdot 6H_2O$$

$$4CaO \cdot Al_2O_3 \cdot Fe_2O_3 + 7H_2O \longrightarrow 3CaO \cdot Al_2O_3 \cdot 6H_2O + CaO \cdot Fe_2O_3 \cdot H_2O$$

从上述反应可以看出，其水化产物主要有氢氧化钙、含水硅酸钙、含水铝酸钙、含水铁铝酸钙等。它们的水化速度直接决定了水泥硬化的一些特性。

（三）硅酸盐水泥生产

硅酸盐水泥的生产主要经过三个阶段，即生料制备、熟料煅烧与水泥粉磨。

（1）生料制备

生料制备主要将石灰质原料、黏土质原料与少量校正原料经破碎后，按一定比例配合磨细，并调配为成分合适、质量均匀的生料。

（2）熟料煅烧

①干燥和脱水。对黏土矿物——高岭土在500℃~600℃下失去结晶水时所产生的变化和产物，主要有两种观点，一种认为产生了无水铝酸盐（偏高岭土），其反应式为

$$Al_2O_3 \cdot 2SiO_2 \cdot 2H_2O \rightarrow Al_2O_3 \cdot 2SiO_2 + 2H_2O$$

另一种认为高岭土脱水分解为无定型氧化硅与氧化铝，其反应式为

$$Al_2O_3 \cdot 2SiO_2 \cdot 2H_2O \rightarrow Al_2O_3 + 2SiO_2 + 2H_2O$$

②碳酸盐分解。生料中的碳酸钙与碳酸镁在煅烧过程中都分解放出二氧化碳，其反应式如下：

$$MgCO_3 \rightleftharpoons MgO + CO_2 - (1047 \sim 1214)J \cdot g^{-1}（590℃）$$

$$CaCO_3 \rightleftharpoons CaO + CO_2 - 1645 J \cdot g^{-1} \qquad （890℃时）$$

③固相反应。固相反应过程大致如下：

800℃：$CaO \cdot Al_2O_3$（CA）、$CaO \cdot Fe_2O_3$（CF）与 $2CaO \cdot SiO_2$（C_2S）开始形成。

800℃~900℃：12CaO·7Al₂O₃（C₁₂A₇）开始形成。

900℃~1100℃：2CaO·Al₂O₃·SiO₂（C₂AS）形成后又分解。3CaO·Al₂O₃（C₃A）和4CaO·Al₂O₃·Fe₂O₃（C₄AF）开始形成。所有碳酸钙均分解，游离氧化钙达最高值。

1100℃~1200℃：C₃A和C₄A大量形成，C₂S含量达最大值。

（3）水泥粉磨。煅烧水泥熟料的窑型分为回转窑和立窑两类。以湿法回转窑为例。湿法回转窑用于煅烧含水30%~40%的料浆。图2-2为一台 φ 5/4.5×135 m 湿法回转窑内熟料煅烧过程。

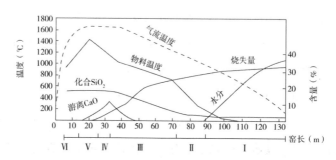

图2-2 φ 5/4.5×135 m 湿法回转窑内熟料形成过程

Ⅰ-干燥带；Ⅱ-预热带；Ⅲ-碳酸盐分解带；

Ⅳ-放热反应带；Ⅴ-烧成带；Ⅵ冷却带

燃料与一次空气由窑头喷入，和二次空气（由冷却机进入窑头与熟料进行热交换后加热了的空气）一起进行燃烧，火焰温度高达1650℃~1700℃。燃烧烟气在向窑尾运动的过程中，将热量传给物料，温度逐渐降低，最后由窑尾排出。料浆由窑尾喂入，在向窑头运动的同时，温度逐渐升高并进行一系列反应，烧成熟料由窑头卸出，进入冷却棚。

料浆入窑后，首先发生自由水的蒸发过程，当水分接近零时，进入温度达150℃左右的干燥带。随着物料温度上升，发生黏土矿物脱水与碳酸镁分解过程。进入预热区。

物料温度升高至750℃~800℃时，烧失量开始明显减少，氧化硅开始明显增加，表示同时进行碳酸钙分解与固相反应。物料因碳酸钙分解反应吸收大量热而升温缓慢。当温度升到大约1100℃时，碳酸钙分解速度极为迅速，游离氧化钙数量达极大值。这一区域称为碳酸盐分解带。

碳酸盐分解结束后，固相反应还在继续进行，放出大量的热，再加上火焰的传热，物料温度迅速上升300℃左右，这一区域称为放热反应带。

在1250℃~1280℃时开始出现液相，一直到1450℃，液相量继续增加，同时游离氧化钙被迅速吸收，水泥熟料化合物形成，这一区域称为烧成带。

熟料继续向前运动，与温度较低的二次空气进行热交换，熟料温度下降，这一区域称为冷却带。

三、混凝土

在现代土木工程中，混凝土是使用量最大、使用范围最广的一种建筑材料。世界上每年混凝土的总产量超过100亿吨，可以说在世界上的每个城市都可见到混凝土的踪迹。

混凝土本身的概念就和石材有一定的关系，20世纪人们创造出了一个新的文字"砼"是人工石的意思，以此来作为混凝土的缩写。在混凝土中不可缺少的组成成分有石块或石粉，因此，它本身就可看成一种石材。经过加工后的混凝土在硬度和色彩上与石头更加相似，但在运输和加工上比石材更容易。

混凝土是通过聚集体连接形成的工业复合材料。通常，混凝土是指水泥做集料，而用石头和沙子做骨料，广泛用于土木工程。混凝土在土木工程领域，可以说是当之无愧的"老大"，无论是在基础设施、住房方面，还是在市政、水利等方面，混凝土都是重要原料，与人类生活的环境密切相连。从混凝土最初的萌芽到今天的使用，这期间经过了漫长的过程。在发展过程中，混凝土在土木工程与建筑方面起着不可或缺的作用，这一切都表明了混凝土是人类智慧的结晶。

（一）混凝土材料的组成

混凝土是由无机胶凝材料（如石灰、石膏、水泥等）和水，或有机胶凝材料（如沥青、树脂等）的胶状物，与集料按一定比例配合、搅拌，并在一定温湿条件下养护硬化而成的一种复合材料。

传统水泥混凝土的基本组成材料是水泥、粗细骨料和水。其中，水泥浆体占20%～30%，砂石骨料占70%左右。水泥浆在硬化前起润滑作用，使混凝土拌和物具有可塑性，在混凝土拌和物中，水泥浆填充砂子孔隙，包裹砂粒，形成砂浆，砂浆又填充石子孔隙，包裹石子颗粒，形成混凝土浆体；在混凝土硬化后，水泥浆则起胶结和填充作用。水泥浆多，混凝土拌和物流动性大，反之则小；混凝土中水泥浆过多则混凝土水化温升高，收缩大，抗侵蚀性不好，容易引起耐久性不良。粗细骨料主要起骨架作用，传递应力，给混凝土带来很大的技术优点，它比水泥浆具有更高的体积稳定性和更好的耐久性，可以有效减少收缩裂缝的产生和发展。

现代混凝土中除了以上组分外，还多加入化学外加剂与矿物细粉掺合料。化学外加剂的品种很多，可以改善并调节混凝土的各种性能，而矿物细粉掺合料则可以有效提高混凝土的新拌性能和耐久性，同时降低成本。

1. 水泥

水泥是混凝土中最重要的组成材料，且价格相对较贵。配制混凝土时，如何正确选择水泥的品种及强度等级直接关系到混凝土的强度、耐久性和经济性。水泥是混凝土胶凝材料，是混凝土中的活性组分，其强度大小直接影响混凝土强度的高低。在配合比相同条件下，所用水泥强度愈高，水泥石的强度以及它与集料间的黏结强度也愈大，进而制成的混凝土强度也愈高。

2. 骨料

骨料也称集料，是混凝土的主要组成材料之一。在混凝土中起骨架和填充作用。粒径大于 5mm 的称为粗骨料，粒径小于 5mm 的称为细骨料。普通混凝土常用粗骨料有碎石和卵石（统称为石子），常用细骨料一般分为天然砂、人工砂以及混合砂。其中天然砂主要包括山砂、河砂和海砂三种；人工砂是指由机械破碎、筛分，粒径小于 5mm 的岩石颗粒，但不包括软质岩、风化岩石的颗粒；混合砂系指由天然砂与机制砂混合而成的砂. 混合物砂没有规定混合比例，只要求能满足混凝土各项性能的需要，但必须指出，一旦使用混合砂，无论天然砂的比例占多大，都应当执行人工砂的技术要求和检验方法。《建设用砂》（GB/T 14684-2022）规定，建筑用砂按技术质量要求分为 Ⅰ 类、Ⅱ 类、Ⅲ 类。Ⅰ 类用于强度等级大于 C60 的混凝土；Ⅱ 类宜用于强度等级大于 C30 ~ C60 及有抗冻、抗渗或其他要求的混凝土；Ⅲ 类宜用于强度等级小于 C30 的混凝土。普通混凝土粗细骨料的质量标准和检验方法依据《普通混凝土用砂、石质量及检验方法标准》（JGJ52-2006）进行。

3. 混凝土拌和及养护用水

与水泥、骨料一样，水也是生产混凝土的主要成分之一。没有水就不可能生产混凝土，因为水是水泥水化和硬化的必备条件。然而，过多的水又势必影响混凝土的强度和耐久性等性能。多余的拌和用水还有以下两个特点：

（1）与水泥和骨料不同，水的成本很低，可以忽略不计，因此用水量过多并不会增加混凝土的造价。

（2）用水量越多，混凝土的工作性越好，更适用于工人现场浇筑新混凝土拌和物。

实际上，影响强度和耐久性并不是高用水量本身，而是由此带来的高水胶比。换句话说，只要按比例增加水泥用量以保证水胶比不变，为了提高浇筑期间混凝土的工作性，混凝土的用水量也可以增大。

混凝土拌和用水按水源可分为饮用水、地表水、地下水、海水以及经适当处理或处置后的工业废水。混凝土拌和用水的基本质量要求是：不能含影响水泥正常凝结与硬化的有害物质；无损于混凝土强度发展及耐久性；不能加快钢筋锈蚀；不引起预应力钢筋脆断；保证混凝土表面不受污染。

符合国家标准的生活饮用水可以用来拌制和养护混凝土。地表水和地下水须按《混凝土用水标准》（JGJ 63-2006）检验合格方可使用。海水中含有硫酸盐、镁盐和氯化物，

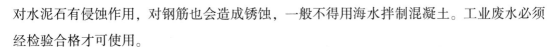

对水泥石有侵蚀作用，对钢筋也会造成锈蚀，一般不得用海水拌制混凝土。工业废水必须经检验合格才可使用。

4. 混凝土外加剂

混凝土外加剂是指在拌制混凝土过程中，根据不同的要求，为改善混凝土性能而掺入的物质。其掺量一般不大于水泥质量的5%（特殊情况除外）。

（1）混凝土外加剂的分类

由于外加剂加入，可显著改善混凝土某种性能，如改善拌和物工作性，调整水泥凝结硬化时间，提高混凝土强度和耐久性，节约水泥等。混凝土外加剂已在混凝土工程中广泛使用，甚至已成为混凝土中不可缺少的组成材料，因此俗称混凝土第五组分。

混凝土外加剂种类很多，按其主要功能可分为四类：能改善混凝土拌和物流变性能的外加剂（如减水剂、引气剂和泵送剂等）；能调节混凝土凝结时间，硬化性能的外加剂（如缓凝剂、早强剂和速凝剂等）；能改善混凝土耐久性的外加剂（如引气剂、防水剂和阻锈剂等）；以及能改善混凝土其他性能的外加剂（如引气剂、膨胀剂、防冻剂、着色剂、防水剂等）。

（2）常用混凝土外加剂

①减水剂。减水剂是指在混凝土坍落度基本相同的条件下，以减少拌和用水量的外加剂。混凝土拌和物掺入减水剂后，可提高拌和物流动性，减少拌和物的泌水离析现象，延缓拌和物凝结时间，减缓水泥水化热放热速度，显著提高混凝土强度、抗渗性和抗冻性。

②早强剂。能加速混凝土早期强度发展的外加剂称早强剂。早强剂主要有氯盐类、硫酸盐类、有机胺三类以及它们组成的复合早强剂。

③引气剂。在搅拌混凝土过程中能引入大量均匀分布的、稳定而封闭的微小气泡（直径在 $10\sim100\mu m$）的外加剂，称为引气剂。主要品种有松香热聚物松脂皂和烷基苯磺酸盐等。其中，以松香热聚物的效果较好，最常使用。松香热聚物是由松香与硫酸石炭酸起聚合反应，再经氢氧化钠中和而得到的憎水性表面活性剂。

④缓凝剂。缓凝剂是指能延缓混凝土凝结时间，并对其后期强度无不良影响的外加剂。由于缓凝剂能延缓混凝土凝结时间，使拌和物能较长时间内保持塑性，有利于浇注成型，提高施工质量，同时还具有减水、增强和降低水化热等多种功能，且对钢筋无锈蚀作用。多用于高温季节施工、大体积混凝土工程、泵送与滑模方法施工以及商品混凝土等。

⑤速凝剂。能使混凝土迅速凝结硬化的外加剂，称速凝剂。主要种类有无机盐类和有机物类。常用的是无机盐类。速凝剂的作用机理：速凝剂加入混凝土后，其主要成分中的铝酸钠、碳酸钠在碱性溶液中迅速与水泥中的石膏反应生成硫酸钠，使石膏丧失其原有的缓凝作用，从而使铝酸钙矿物 C_3A 迅速水化，并在溶液中析出其水化产物晶体，使水泥混

凝土迅速凝结。

⑥防冻剂。防冻剂是指在一定负温条件下，能显著降低冰点使混凝土液相不冻结或部分冻结，保证混凝土不遭受冻害，同时保证水与水泥能进行水化，并在一定时间内获得预期强度的外加剂。实际上防冻剂是混凝土多种外加剂的复合。主要有早强剂、引气剂、减水剂、阻锈剂、亚硝酸钠等。

⑦阻锈剂。阻锈剂是指能减缓混凝土中钢筋或其他预埋金属锈蚀的外加剂，也称缓蚀剂。常用的是亚硝酸钠。有的外加剂中含有氯盐，氯盐对钢筋有锈蚀作用，在使用这种外加剂的同时应掺入阻锈剂，可以减缓对钢筋的锈蚀，从而达到保护钢筋的目的。

（二）混凝土的特性

1. 和易性

和易性意味着混凝土的混合比在施工过程中易于处理，质量均匀。和易性是一种综合技术性，主要包括以下三个方面：流动性、凝聚性和保水性。

流动性：指混凝土混合料在其自身重量或工程机械作用下，能产生流动，且分布均匀。

凝聚性：是指混凝土混合料在施工过程中具有一定的黏结力，不产生分离和离析的现象。

保水性：在施工过程中，混凝土混合物具有一定的持水能力，不会引起严重的泌水。

确定混凝土的和易性及其性能有很多方法和指标。在中国，用截头圆锥测量的坍落度（毫米）和用振动计测量的振动时间（秒）作为一致性的主要指标。

影响和易性的主要因素有：胶凝材料浆料的体积和耗水量、砂比、组成材料性能、施工条件、环境、温度和储存时间，混凝土混合料的凝结时间。

2. 强度

硬化混凝土最重要的机械性能是混凝土的压缩、拉伸、弯曲和剪切性能。水灰比、骨料量、骨料和搅拌、成型、保养等都直接影响混凝土的强度等级，以标准抗压强度为基准（150mm 的长度为标准试件，在标准固化条件下保持 28d。立方体的抗压强度根据混凝土的强度等级确定。按标准测试方法，保存率为 95%）。标记为 C10、C15、C20、C25、C30、C35、C40、C45、C50、C55、C60、C65、C70、C75、C80、C85、C90、C95、C100。混凝土的抗拉强度在抗压强度的 1/10 和 1/20 之间。提高混凝土的强度和抗压强度是混凝土改性的一个重要方面。影响混凝土强度的因素有：水灰比，水灰比越低，混凝土强度越高；骨料性能越好，效果越好。

3. 变形

混凝土因应力和温度而变形，例如弹性变形、塑性变形。混凝土在短时间内的弹性变形主要由弹性模量表示。在长期负荷下，恒定应力和变形增加的现象是蠕变。压力的持续减少是缓解。由水泥水化、渗碳体碳化和水分损失引起的体积变形称为收缩。硬化混凝土的变形主要来自两个方面：环境因素（温度、湿度变化）和外部荷载因素。

荷载作用下的变形可分为弹性变形和非弹性变形。

非荷载变形可分为收缩变形（干缩、自缩）和膨胀变形（湿胀）。

复合作用下的变形——徐变。

4. 耐久性

混凝土的耐久性包括三个方面：抗渗性、抗冻性和耐蚀性。一般来说，混凝土具有良好的耐久性。然而，在寒冷地区，尤指水位变化和冻融频繁交替的工程区，混凝土易受破坏。因此，混凝土应该有一定的抗冻要求。对于长期处于水中和湿润环境，混凝土必须具有良好的抗渗性和耐腐蚀性。

四、钢材

（一）碳素结构钢

碳素结构钢是碳素钢的一种，可分为普通碳素结构钢和优质碳素结构钢两类。含碳量为 0.05%~0.70%，个别可高达 0.90%。

碳素结构钢在常温下主要由铁素体和渗碳体（Fe_3C）组成。铁素体在钢中形成不同取向的结晶群（晶粒），是钢的主要成分，约占质量的 99%。渗碳体是铁碳化合物，含碳 6.67%，在钢中其与铁素体晶粒形成机械混合物——珠光体，填充在铁素体晶粒的空隙中，形成网状间层。

碳素结构钢的牌号由代表屈服强度的汉语拼音字母（Q）、屈服强度数值、质量等级符号（A、B、C、D）、脱氧方法符号（F、Z、TZ）四个部分按顺序组成，如 Q235AF、Q235B 等。其钢号的表示方法和代表的意义如下：

（1）Q235-A：屈服强度为 235 N/mm^2，A 级，镇静钢。

（2）Q235-AF：屈服强度为 235 N/mm^2，A 级，沸腾钢。

（3）Q235-B：屈服强度为 235 N/mm^2，B 级，镇静钢。

（4）Q235-C：屈服强度为 235 N/mm^2，C 级，镇静钢。

例如，Q235 钢是碳素结构钢，其钢号中的 Q 代表屈服强度。通常情况下，该钢可不经过热处理直接进行使用。Q235 钢的质量等级分为 A、B、C、D 四级。Q235 钢的碳含量适中，具有良好的塑性、韧性、焊接性能和冷加工性能，以及一定的强度。其可大量生产钢板、型钢和钢筋，用以建造厂房屋架、高压输电铁塔、桥梁、车辆等。其 C、D 级钢的硫、磷含量低，相当于优质碳素结构钢，质量好，适用于制造对焊性及韧性要求较高的工程结构机械零部件，如机座、支架、受力不大的拉杆、连杆、销、轴、螺钉（母）、轴、套圈等。

（二）低合金高强度结构钢

低合金结构钢是在碳素结构钢的基础上，适当添加总量不超过 5% 的其他合金元素，来改善钢材的性能。低合金结构钢是在低碳钢中加入少量的锰、硅、钒、铌、钛、铝、铬、镍、铜、氮、稀土等合金元素炼成的钢材，其组织结构与碳素钢类似。

（三）优质碳素结构钢

优质碳素结构钢不以热处理或热处理状态（正火、淬火、回火）交货，主要用作压力加工用钢和切削加工用钢。由于价格较高，钢结构中使用较少，仅用经热处理的优质碳素结构钢冷拔高强度钢丝或制作高强度螺栓、自攻螺钉等。

第三节　土木工程的功能与装饰材料

一、功能材料

（一）吸声材料

1. 多孔吸声材料

当声波进入材料内部互相贯通的孔隙，空气分子受到摩擦和黏滞阻力，使空气产生振动，从而使声能转化为机械能，最后因摩擦而转变为热能被吸收。这类多孔材料的吸声系数，一般从低频率到高频率逐渐增大，故对中频和高频的声音吸收效果较好。材料中开放的互相连通的、细致的气孔越多，其吸声性能越好。

2. 柔性吸声材料

具有密闭气孔和一定弹性的材料，如泡沫塑料，声波引起的空气振动不易传递至其内部，只能相应地产生振动，在振动过程中由于克服材料内部的摩擦而消耗了声能，引起声波衰减。这种材料的吸声特性是在一定的频率范围内出现一个或多个吸收频率。

3. 薄板振动吸声结构

将胶合板、薄木板、纤维板、石膏板等的周边钉在墙或顶棚的龙骨上，并在背后留有空气层，即成薄板振动吸声结构。其原理是采用薄板在声波交变压力作用下振动，使板弯曲变形，将机械能转变为热能而消耗声能。该吸声结构主要吸收低频率的声波。

4. 穿孔板组合共振吸声结构

穿孔的各种材质薄板周边固定在龙骨上，并在背后设置空气层即成穿孔板组合共振吸声结构。当入射声波的频率和系统的共振频率一致时，孔板颈处的空气产生激烈振动摩擦，使声能减弱。这种吸声结构具有适合中频的吸声特性，使用普遍。

（二）绝热材料

在建筑中，习惯上把用于控制室内热量外流的材料称为保温材料；把防止室外热量进入室内的材料称为隔热材料。保温、隔热材料统称为绝热材料。

影响材料保温隔热性能的主要因素是导热系数，导热系数越小，材料的保温隔热性能越好。材料的导热系数受材料的性质、表观密度和孔隙特征、温湿度和热流方向的影响。热流方向的影响主要体现为热阻力的大小，对于各向异性的材料，如木材等纤维质材料，当热流平行于纤维方向时，热流受到的阻力小，导热较快，保温性能差，而热流垂直于纤维方向时，热阻较大，保温性能较好。绝热材料的导热系数应不大于 $0.23W/（m\cdot K）$，热阻值应不小于 $4.35（m^2\cdot K）/W$，表观密度不大于 $600kg/m^3$。

绝热材料按化学成分可以分为无机绝热材料和有机绝热材料两大类；按材料的构造可分为纤维状、松散粒状和多孔状三种。无机绝热材料是用无机矿物质原材料制成的，常呈纤维状、松散颗粒状或多孔状，可制成板、片、卷材或型制品；有机绝热材料是用有机原材料（各种树脂、软木、木丝、刨花等）制成的。一般来说，无机绝热材料的表观密度较大，不易腐朽，不会燃烧，耐高温；而有机绝热材料质轻，绝热性能好，但吸湿性大，耐久性和耐热性较差。

1. 无机绝热材料

（1）石棉及其制品

石棉为常见的绝热材料，是一种天然矿物纤维。石棉纤维具有极高的拉伸强度，并具有耐火、耐热、耐酸碱、绝热、绝缘等优良特性，是一种优质绝热材料，通常将其加工成石棉粉、石棉板、石棉毡等制品。由于石棉中的粉尘对人体有害，因此在民用建筑中已很少使用，目前主要用于工业建筑的隔热、保温及防火覆盖。

（2）矿棉及其制品

岩棉和矿渣棉统称为矿棉。岩棉的主要原料为玄武岩、花岗石等天然岩石，矿渣棉的主要原材料为高炉矿渣、铜矿渣等。上述原料经高温熔融后，用高速离心法或压缩空气喷吹法制成细纤维材料。矿棉具有质轻、不燃、绝燃和电绝缘等性能，且原料来源广、成本低，可制成矿棉板、矿棉保温带、矿棉管壳等。矿棉可用于建筑物的墙体、屋面和顶棚等处的保温隔热和吸声材料，以及热力管道的保温材料。

（3）玻璃棉及其制品

玻璃棉及其制品是建筑行业中较为常见的无机纤维绝热、吸声材料。它是指以石英砂、白云石、蜡石等天然矿石为主要原料，配以其他纯碱、硼砂等化工原料熔制成玻璃，在熔融状态下经拉制、吹制或甩制而成的絮状纤维材料。建筑行业中常用的玻璃棉分为两种，即普通玻璃棉和超细玻璃棉。普通玻璃棉的纤维长度一般为 50~150mm，纤维直径为 12μm，而超细玻璃棉细得多，一般在 4μm 以下，可用来制作玻璃棉毡、玻璃棉板、玻璃棉套管等。

2. 有机绝热材料

（1）泡沫塑料

泡沫塑料是指以各种树脂为基料，加入各种辅助材料加热发泡制得的一种具有轻质、保温、隔热、吸声、抗震性能的材料。它保持了原有树脂的性能，并且同塑料相比，具有表观密度小、导热系数低、防震、吸声、耐腐蚀、耐霉变、加工形成方便、施工性能好等优点。由于这类材料造价高，且具有可燃性，所以应用上受到一定的限制。今后随着这类材料性能的改善，将向着高效多功能方向发展。

（2）炭化软木板

炭化软木板是以一种软木橡树的外皮为原料，经适当破碎后再在模型中成型，经300℃左右热处理而制成的。由于软木皮中含有无数气泡，所以成为理想的保温、隔热、吸声材料，且具有不透水、无味、无毒等特性。炭化软木板有弹性，柔和耐用，不起火焰，能够阻燃。

（3）植物纤维复合板

植物纤维复合板是以植物纤维为重要材料加入胶结材料和填充料而制成的。如木丝板是以木材下脚料制成的木丝加入硅酸钠溶液及普通硅酸盐水泥混合，经成型、冷却、养护、干燥而制成的。甘蔗板是以甘蔗渣为原料，经过蒸制、加压、干燥等工序制成的一种轻质、吸声、保温材料。

3. 反射性绝热材料

目前在建筑工程中，普遍采用多孔保温材料和在维护结构中设置普通空气层的方法来解决隔热。但维护结构较薄，用第二种方法解决保温隔热的问题比较困难。反射性保温隔热材料为解决上述问题提供了一条新途径。如铝箔型保温隔热板是以波形纸板为基层，铝

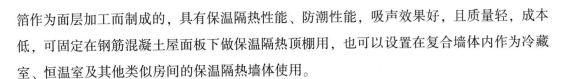

箔作为面层加工而制成的，具有保温隔热性能、防潮性能，吸声效果好，且质量轻，成本低，可固定在钢筋混凝土屋面板下做保温隔热顶棚用，也可以设置在复合墙体内作为冷藏室、恒温室及其他类似房间的保温隔热墙体使用。

（三）防水材料

1. 防水涂料

防水涂料是以高分子合成材料、沥青等为主体，在常温下呈黏稠状态的物质，涂布在基体表面，经溶剂或水分挥发或各组分的化学反应，形成具有一定弹性的连续薄膜，使基层表面与水隔绝，起到防水、防潮和保护基体的作用。

（1）高聚物改性沥青防水涂料

利用再生橡胶、合成橡胶或 SBS 对沥青进行改性制成的水乳型或溶剂型涂膜防水材料称为高聚物改性沥青防水涂料。高聚物改性沥青防水涂料亦称为橡胶沥青防水涂料，其成膜物质中的胶黏材料是沥青和橡胶。此类防水涂料是以橡胶对沥青进行改性作为基础的，用再生橡胶进行改性，可以改善沥青低温的冷脆性、抗裂性，增加涂料的弹性；用合成橡胶进行改性可以改善沥青的气密性、耐化学腐蚀性、耐燃性、耐光、耐气候性等；用 SBS进行改性，可以改善沥青的弹塑性、延伸性、耐老化、耐高低温性能等。

（2）合成高分子防水涂料

以合成橡胶或合成树脂为主要成膜物质，加入其他辅助材料配制成的单组分或多组分的防水涂膜材料。合成高分子防水涂料的种类繁多，按其形态进行分类主要有以下三种类型：

①乳液型，属单组分高分子防水涂料中的一种，经液状高分子材料中的水分蒸发而成膜；

②溶剂型，也是单组分高分子防水涂料中的一种，经液状高分子材料中的溶剂挥发而成膜；

③反应型，属双组分型高分子涂料，其特点是用液状高分子材料作为主剂与固化剂进行反应而成膜（固化）。

高分子涂料的具体品种更是多种多样，如聚氨酯（PU）、丙烯酸、硅橡胶（有机硅）、氯磺化聚乙烯、氯丁橡胶、丁基橡胶、偏二氯乙烯涂料以及它们的混合物。高分子防水涂料中除聚氨酯、丙烯酸和硅橡胶（有机硅）等涂料外，均属中、低档防水涂料。

（3）聚合物水泥基防水涂料

聚合物水泥基防水涂料是以丙烯酸酯等聚合物乳液和水泥为主要原料，加入其他外加剂制得的双组分水性建筑防水涂料。

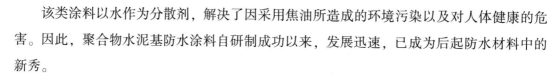
该类涂料以水作为分散剂，解决了因采用焦油所造成的环境污染以及对人体健康的危害。因此，聚合物水泥基防水涂料自研制成功以来，发展迅速，已成为后起防水材料中的新秀。

2. 刚性防水材料

刚性防水材料是指以水泥、砂、石为原料或掺入少量外加剂、高分子聚合物等材料，通过调整配合比、抑制或减小孔隙率、改变孔隙特征、增加各原材料界面间的密实性等方法，配制成具有一定抗渗透能力的水泥砂浆或混凝土类的防水材料。刚性防水材料是相对防水卷材、防水涂料等柔性防水材料而言的防水形式。防水层在受到拉伸外力大于防水材料的拉伸强度时，容易发生脆性开裂而造成渗漏水，称为刚性防水。

刚性防水材料可通过两种方法实现：一是以硅酸盐水泥为基料，加入无机或有机外加剂配制而成的防水砂浆、防水混凝土，如外加剂防水混凝土、聚合物防水砂浆等；二是以膨胀水泥为主的特种水泥为基材配制的防水砂浆、防水混凝土。

二、装饰材料

（一）陶瓷类装饰面砖

陶瓷是用黏土及其他天然矿物原料，经配料、制坯、干燥、焙烧制成的。陶瓷制品又可分为陶、瓷、炻三类。陶、瓷通常又各分为精（细）、粗两类。

1. 外墙面砖

外墙面砖是镶嵌于建筑物外墙面上的片状陶瓷制品。它采用品质均匀而耐火度较高的黏土经压制成型后焙烧而成。

外墙砖具有强度高、防潮、抗冻、耐用、不易污染和装饰效果好等特点。

2. 内墙面砖

釉面内墙面砖又称釉面砖，釉面砖正面有釉，背面有凹凸纹，主要品种有白色釉面砖、彩色釉面砖、印花釉面砖以及图案釉面砖等多种。所施的釉料主要有白色釉、彩色釉、光亮釉、珠光釉、结晶釉等。釉面砖是用于室内墙面装饰的精陶薄片状制品，其表面釉层具有多种色彩或图案。

3. 墙地砖

（1）彩色釉面墙地砖

彩色釉面墙地砖是指适用于建筑物、地面装饰用的彩色釉面陶瓷面砖，简称彩釉砖。彩色釉面墙地砖的表面有平面和立体浮雕面的，有镜面和防滑亚光面的，有纹点和仿大理石、花岗岩图案的，有使用各种装饰釉做釉面的。彩色釉面陶瓷墙地砖色彩瑰丽，丰富多

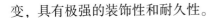

变，具有极强的装饰性和耐久性。

（2）陶瓷锦砖

陶瓷锦砖是陶瓷什锦砖的简称，俗称马赛克（外来语，Mosaic）。它是指由边长不大于 40mm，具有多种彩色和不同形状的小块砖镶拼成各种花色图案的陶瓷制品。由于产品出厂时，已将带有花色图案的锦砖根据设计要求反贴在牛皮纸上，称作一联，每联 305.5mm 见方，每 40 联为一箱，每箱约 3.7 m，故陶瓷锦砖还有纸皮砖俗称。

陶瓷锦砖可制成多种色彩和斑点，表面有无釉和施釉两种，一般做成 18.5mm×18.5mm × 5mm，39mm × 39mm ×5mm 的小方块，或边长为 25mm 的六角形等。施工时将每联纸面向上，贴在半凝固的水泥砂浆面上，用长木板压面，使之粘贴平实，待砂浆硬化后洗去皮纸，即显出美丽的图案。

陶瓷锦砖具有抗腐蚀、耐火、耐磨、吸水率小、抗压强度高、易清洗和永不褪色的特点，可用于工业与民用建筑的清洁车间、门厅、走廊、卫生间、餐厅、厨房、浴室、化验室、居室等内墙和地面，也可用于室内游泳池池底和池沿铺设。

（3）劈离砖

劈离砖又称劈裂砖，是将一定配比的原料，经粉碎、炼泥、真空格压成型、干燥、高温煅烧而成。由于成型时为双砖背连坯体，烧成后再劈裂成两块砖，故称劈离砖。

劈离砖适用于各类建筑物外墙装饰，也适合用作楼堂馆所、车站、候车室、餐厅等处的室内地面铺设，也可作为游泳池、浴池池底和池岸的贴面材料。

（4）彩胎砖

彩胎砖是一种本色无釉瓷质饰面砖，它采用彩色颗粒土原料混合配料，压制成多彩坯体后，经一次煅烧呈多彩细花纹表面，富有天然花岗岩的纹点，有红、绿、蓝、黄、灰、棕等多种基色，多为浅色调，纹点细腻，质朴高雅。

彩胎砖表面有平面和浮雕型两种，又有无光和磨光、抛光之分，吸水率小于 1%，抗折强度大于 27MPa。彩胎砖的耐磨性极好，适用于商场、剧院、宾馆、酒楼等公共场所地面装饰，也可用于住宅厅堂墙地面装饰。

（二）玻璃类装饰面砖

1. 玻璃锦砖

玻璃锦砖又称玻璃马赛克或玻璃纸皮砖（石），是一种较好的建筑装饰材料。玻璃马赛克具有如下特点。

（1）色彩绚丽多彩、典雅美观。

（2）价格较低。玻璃锦砖饰面造价为釉面砖的 1/2 ~ 1/3，为天然大理石、花岗岩的

1/6～1/7，与陶瓷锦砖相当。

（3）质地坚硬，性能稳定，具有耐热、耐寒、耐气候、耐酸碱的性能，化学稳定性及冷热稳定性好。

（4）施工方便，减少了湿作业与材料堆放场地，并且与水泥砂浆的黏结性好，施工强度不大，施工效率高。

2. 玻璃砖

厚玻璃，分为实心和空心两种。实心玻璃砖是采用机械压制方法制成的。空心玻璃砖采用箱式磨具压制而成，由两块玻璃加热熔接成整体的玻璃空心砖，中间充以干燥空气，经退火，最后涂饰侧面而成。空心砖有单孔和双孔两种。按性能不同，根据内侧做成的各种花纹赋予它特殊的采光性，分为使外来光扩散的玻璃空心砖和使外来光向一定方向折射的指向性玻璃空心砖。按形状分为正方形、矩形及其他各种异型产品。按颜色分，有使玻璃本身着色的和在内侧面用透明着色材料涂饰的产品等。

玻璃砖具有抗压强度高、耐急热急冷性能好，采光性好、耐磨、耐热、隔音、隔热、防火、耐水及耐酸碱腐蚀等多种优良性能，因而是一种理想的装饰材料，适用于高档写字楼、宾馆、体育馆、图书馆等大型场所的墙体、隔断、门厅、通道等处的装饰。

（三）金属类装饰材料

1. 金属吊顶板

根据 GB/T 23444—2009《金属及金属复合材料吊顶板》中金属吊顶的定义，金属吊顶板（代号 JS）指将单层金属材料（铝及铝合金、钢、不锈钢、铜等）加工成型后用作吊顶的表面有保护性和装饰性涂层、氧化膜或塑料薄膜的装饰板；金属复合材料吊顶板（代号 JF）指将金属装饰面与其他金属或非金属材料复合并加工后用作吊顶的表面有保护性和装饰性膜的装饰板。吊顶板按形状分为条板（代号 T）、块板（代号 K）、格栅（代号 G）、异形板（代号 Y）；按功能分为有吸声孔（代号 YK）、无吸声孔（代号 WK）。

2. 金属饰面防火板

金属饰面防火板是以金属板（铝板、不锈钢板、彩色钢板、钛锌板、钛板、铜板等）为面板，经阻燃改性的填芯料（如中密度纤维板 MDF）为芯层、热压复合而成的具有一定防火、防水、装饰性能的夹芯板，用于家具、橱柜、建筑外墙饰面等。

3. 装饰用钢板

装饰用钢板主要是厚度小于 4mm 的薄板，用量最多的是厚度小于 2mm 的板材。有平面钢板和凹凸钢板两类。前者通常是经研磨、抛光等工序制成；后者是在正常的研磨、抛光之后再经辊压、雕刻、特殊研磨等工序制成。平面钢板又分为镜面板（板面反射率>

90%）、有光板（反射率>70%）和亚光板（反射率<50%）三类。凹凸板也有浮雕花纹板、浅浮雕花纹板和网纹板三类。

例如，彩色涂层钢板。为提高普通钢板的耐腐蚀性和装饰效果，近年来我国发展了各种彩色涂层钢板。钢板的涂层可分为有机、无机和复合涂层三大类，以有机涂层钢板发展最快。有机涂层可以配制成不同的颜色和花纹，因此称为彩色涂层钢板。这种钢板的原板通常为热轧钢板和镀锌钢板，常用的有机涂层为聚氯乙烯，另外，还有聚丙烯酸酯、环氧树脂和醇酸树脂等。涂层与钢板的结合有涂布法和贴膜法两种。

彩色涂层钢板具有耐污染性强，洗涤后表面光泽、色差不变，热稳定性好，装饰效果好，耐久、易加工及施工方便等优点，可用作外墙板、壁板和屋面板等。

第四节　土木工程中绿色建筑材料的运用

随着人类社会的高速发展，土木工程材料表现出对能源、资源的过度消耗和以环境污染为代价，因此，结束高投入、高污染、低效益的粗放式生产方式，选择资源节约型、污染最低型、质量效益型和科技先导型的发展方式，将土木工程材料的发展与保护生态环境、污染治理有机地结合起来，是未来土木工程材料的战略发展目标。[①]

一、传统材料的绿色化

（一）绿色水泥

水泥作为一种最大宗的人工制备材料，诞生100多年来，为人类社会进步和经济发展做出了巨大的贡献。它们在住宅建筑、市政、桥梁、道路、水利、地下和海洋工程以及核工业、军事等工程领域都发挥着其他材料无法替代的作用和功能，成为现代社会文明的标志和坚强基石。

社会的进步和经济发展需要我们提供足够多的优质水泥与混凝土，而其本身的不可持续发展性已无法适应这种需求，为解决这一矛盾，我们必须首先从观念上进行转变，加大本领域的科技投入，并充分利用当代科技进步的成果，增加高技术含量，提高整体科技水平。

---

① 吴京戎．土木工程材料［M］．天津：天津科学技术出版社，2019．

1. 凝石

凝石是我国科学家发明的一种仿地成岩的新型建筑胶凝材料。这种将冶金渣、粉煤灰、煤矸石等各种工业废弃物磨细后再"凝聚"而成的"石头"，与寻常水泥相比，在强度、密度、耐腐蚀性、生产成本和清洁生产等许多方面表现十分突出。

凝石与普通水泥相比，具有多种优点。比如：生产过程实现"冷操作"，节省能源，不排放二氧化碳；生产过程大量减少烟尘，不破坏天然资源，不污染环境；凝石混凝土的强度、密度、耐腐蚀、抗冻融等方面的性能优良；以各种废渣为原料，"吃渣量"可达90%以上，是处理废渣的最有效方法；生产成本低、工艺简单等。

"凝石"技术对破解我国一些产业的环境和资源瓶颈难题具有重要意义。目前，全国有数十亿吨的固体废弃物，仅煤矸石一种就高达 34 亿 t。这些固体排放物还以每年 10 亿 t 的速度增加，造成巨大的环境压力。仅粉煤灰一项，全国每年的处理费用就达 60 亿元。此外，我国适宜烧制水泥的石灰石可开采储量为 250 亿 t，以 2003 年的水泥产量计算，仅够用 30 余年。而一旦采用"凝石"技术，这些数量巨大的固体废弃物将变成生产优质类"水泥"胶凝材料——"凝石"的上佳原材料。

有专家表示，人类在建筑胶凝材料方面，已经历了千年的石灰"三合土"时代，百年的水泥"混凝土时代"。"凝石"技术的出现，很可能意味着人类即将迎来新的"凝石时代"。

众所周知，工业废渣成分大都为 SiO_2、Al_2O_3、CaO 等，这类废渣自身没有或仅有很微弱胶凝性，但其大都是经急冷形成玻璃体，本身具有热力学活性，因而可用机械、热力、化学方法激活使之具有胶凝性。通用的方法是碱性激发或硫酸盐激发（化学激发）。"二元化"湿水泥和阴体、阳体实际上就是各种工业废弃物和含碱 $Ca(OH)_2$ 或硫酸盐 Na_2SO_4、$CaSO_4$ 等物质，即用作无熟料水泥的极为普通的碱和硫酸盐，因而"凝石"必然是碱激发胶凝材料。

2. 矿渣粉煤灰胶凝材料

将矿渣、粉煤灰、石膏和复合激发剂混合，用 QM-4H 小型球磨机以 150 r/min 转速，混磨 5min，使物料充分混匀。将混好的物料放入胶砂搅拌机中，胶砂比为 1∶3，水胶比为 0.50，搅拌 3min，然后放入 40mm×40mm×160mm 的模具中，借助胶砂振动台振实成型。成型后，用刮刀刮平，覆盖塑料薄膜，在温度为（20±1）℃，相对湿度为 90% 的标准养护条件下养护。成型 24 h 后脱模，按照《水泥胶砂强度检验方法（ISO 法》（GB/T 17671-1999），检测其 3d、7d、28d 的抗折强度和抗压强度。

实验研究发现，随着粉煤灰掺量的增加，胶凝材料的强度逐渐降低。由于粉煤灰的活性低于矿渣的活性，在胶凝材料水化早期，主要进行的是矿渣受激发剂激发而发生的水化反应。然而，当矿渣和粉煤灰的加入量较为合理时，强度下的趋势并不明显。粉煤灰加入量小于15%时，胶凝材料的强度52.5级，符合《通用硅酸盐水泥》（GB 175-2007）。随着石膏加入量的增加，胶凝材料强度增长较快。当石膏掺量超过10%以后，石膏掺量的增加对胶凝材料强度增强贡献并不大，抗折强度甚至有下降的趋势。石膏和矿渣及粉煤灰的水化反应程度主要取决于 Ca^{2+}、OH^- 以及 SO_4^{2-} 浓度，浓度高可加快水化反应速度，促进强度的增长。但石膏掺量过多，不仅凝结加快，阻碍水化物的扩散，而且参与水化反应后剩余的石膏只是以低强度状态存在于硬化体中，因而降低长期强度。随着复合激发剂加入量的增加，胶凝材料强度呈现先增长后降低的趋势，并在掺量5%时达到最高峰。复合激发剂中的硫酸盐可以激发矿渣和粉煤灰的活性，促进水化的进行，早期激发效果较为显著。但是，加入量过多会影响胶凝材料的强度。

（二）绿色混凝土

一般来说，绿色混凝土具有比传统混凝土更高的强度和耐久性，可以实现非再生性资源的可循环使用和有害物质的最低排放，既能减少环境污染，又能与自然生态系统协调共生。

绿色混凝土是从绿色材料角度对混凝土进行开发利用，从而改善混凝土与环境的协调性。绿色材料的特点包括材料本身的先进性、生产过程的安全性、材料使用的合理性以及符合现代工程学的要求等。而混凝土在绿色化方面主要特点体现在以下几方面：

一是大量利用工业废料，降低水泥用量；

二是要有比传统混凝土更好的力学与耐久性能；

三是具有与自然环境的协调性；

四是能够为人类提供温和、舒适、安全的生存环境。

1. 绿色高性能混凝土

高性能混凝土具有普通混凝土无法比拟的优良性能。如果将高性能混凝土与环境保护、生态保护和可持续发展结合起来考虑，则称为绿色高性能混凝土。在1997年3月的高强与高性能混凝土会议上，吴中伟院士首次提出GHPC绿色高性能混凝土的概念，并指出是混凝土的发展方向，更是混凝土的未来。真正的绿色高性能混凝土、节能型混凝土所使用的水泥必须为绿色水泥，普通水泥生产过程中需要高温煅烧硅质原料和钙质原料消耗大量的能源。如果采用无熟料水泥或免烧水泥配制混凝土就能显著降低能耗，达到节能的目的，如碱矿渣水泥利用工业废渣与某些碱金属化合物发生化学反应替代水泥胶凝材料，可将硅酸盐水泥生产工艺的两磨一烧简化为一磨，是一种低能耗低成本的绿色水泥。

2. 再生骨料混凝土

世界上每年拆除的废旧混凝土工程建设产生的废弃混凝土、混凝土预制构件厂排放的混凝土等均会产生巨量的建筑垃圾。全世界从 1991 年到 2000 年 10 年间废混凝土总量超过 10 亿吨，我国每年施工建设产生的建筑垃圾达 4000 万吨，产生的废混凝土就有 1360 万吨，清运处理工作量大，环境污染严重。

为了更好地回收利用废混凝土，可将废混凝土经过特殊处理工艺制成再生骨料，用其部分或全部代替，天然骨料配制成再生混凝土，利用再生骨料配制再生混凝土是发展绿色混凝土的主要措施之一，可节省建筑原材料的消耗，保护生态环境，有利于混凝土工业的可持续发展，但是再生骨料与天然骨料相比孔隙率大、吸水性强、强度低，因此，再生骨料混凝土与天然骨料配制的混凝土的特性相差较大，这是应用再生骨料混凝土时需要注意的问题。

3. 生态混凝土

传统混凝土材料的密实性使各类混凝土结构缺乏透气性和透水性，调节空气温度和湿度的能力差，产生热岛现象、地温升高等使气候恶化，大量钢筋混凝土建筑物和混凝土道路使绿化面积明显减少，降雨时不透水的混凝土道路表面容易积水，雨水长期不能下渗使地下水位下降，土壤中水分不足、缺氧影响植物生长造成生态系统失调。

根据使用功能的不同，目前开发的生态混凝土的品种主要有透水性混凝土、植被混凝土和景观混凝土等。生态混凝土的开发和应用在我国还刚刚起步，随着人们对生活要求的提高和对生态环境的重视，混凝土结构的美化、绿化人造景观与自然景观的协调成为混凝土学科的又一个重要课题。生态混凝土必将成为混凝土发展的一个重要方向。

4. 机敏型混凝土

机敏型混凝土是一种具有感知和修复性能的混凝土。是智能混凝土的初级阶段，是混凝土材料发展的高级阶段。智能混凝土是在混凝土原有的组成基础上掺加复合智能型组分使混凝土材料具有一定的自感知、自适应和损伤自修复等智能特性的多功能材料。

根据这些特性可以有效地预报混凝土材料内部的损伤，满足结构自我安全检测，需要防止混凝土结构潜在的脆性破坏性能，显著提高混凝土结构的安全性和耐久性。近年来，损伤自诊断混凝土、温度自调节混凝土及仿生自愈合混凝土等一系列机敏混凝土的相继出现，为智能混凝土的研究和发展打下了坚实的基础。

自诊断智能混凝土具有压敏性和温敏性等性能。普通的混凝土材料本身并不具有自感应功能，但在混凝土基材中掺入部分导电相组分制成的复合混凝土，可具备自感应性能；自调节机敏混凝土具有电力效应和电热效应等性能。机敏混凝土的力电效应、电力效应是基于电化学理论的可逆效应，因此，将电力效应应用于混凝土结构的传感和驱动时可以在

一定 范围内对它们实施变形调节。自修复机敏混凝土结构在使用过程中，大多数结构是带裂缝工作。含有微裂纹的混凝土在一定的环境条件下是能够自行愈合的，但自然愈合有其自身无法克服的缺陷，受混凝土的龄期、裂纹尺寸、数量和分布以及特定的环境影响较大，而且愈合期较长，通常对较晚龄期的混凝土或当混凝土裂缝宽度超过了一定的界限，混凝土的裂缝很难愈合。如美国伊利诺伊大学教授采用在空心玻璃纤维中注入缩醛高分子溶液作为黏结剂埋入混凝土中，制成具有自修复智能混凝土，当混凝土结构在使用过程中发生损伤时，空心玻璃纤维中的粘黏剂流出愈合损伤，恢复甚至提高混凝土材料的性能。

二、绿色建筑装饰材料

（一）抗菌自洁装饰材料

1. 抗菌陶瓷

（1）银系抗菌陶瓷。将抗菌效果好、安全可靠的银、铜等元素加入陶瓷釉料中，经施釉和烧结后，使之在陶瓷表面的釉层中均匀分散并长期存在。银、铜一般以其特殊的无机盐形式（用锆酸盐或硅酸盐做载体）引入，在高温烧成时应抑制银的高温反应和着色。在工艺技术上，须从釉料的组成、烧成温度和窑炉气氛等方面采取相应措施。其杀菌机制是：釉中 Ag^+（此外还有 Cu^{2+}、Zn^{2+} 等）非常缓慢地溶出，通过扩散到达细菌的细胞膜并被吸附，破坏细胞膜及细胞的新陈代谢，从而产生了杀菌作用。

（2）氧化钛光催化剂抗菌陶瓷。所谓光催化材料，就是通过吸收光而处于高能状态，并以此能量与某些物质发生化学反应的材料。在釉面砖的表面引入 TiO_2，可以制成含 TiO_2 光催化的抗菌性陶瓷面砖。以陶瓷粉末为载体，表面包覆 TiO_2 光催化的粉末状陶瓷制品，在环境保护方面展现了广阔的应用前景。

2. 抗菌塑料

抗菌塑料是一类在使用环境中自身对塑料上存在的细菌、真菌、酵母菌、藻类甚至病毒起抑制或杀灭作用的塑料，通过抑制微生物的繁殖来保持自身清洁。抗菌塑料作为一类具有特殊功能的新型塑料，在近几年内得到了迅速发展。

目前，抗菌塑料主要通过在普通塑料中添加少量抗菌剂的方法获得。抗菌塑料在家电和日用品中得到应用后，将越来越多地应用在建材和室内装饰材料中。高档轿车的内饰也将越来越多地采用抗菌材料，如轿车的方向盘、内饰绒布、座位、把手等已采用抗菌塑料和抗菌材料制作。

3. 抗菌自洁玻璃

抗菌自洁玻璃通过在普通玻璃表面镀上一层纳米 TiO_2 晶体的透明涂层，在紫外光的照射下，实现玻璃的自洁净功能。

抗菌自洁玻璃可应用于医院门窗、器具的玻璃盖板，高档建筑物的室内浴镜、卫生间整容镜，汽车玻璃及高层建筑物的幕墙玻璃等场所。不仅适用于各种公共建筑，也适合寻常家居装饰使用。在家居中，使用自洁净玻璃，可有效地消除室内的臭味、烟味和人体异味。

采用自洁净玻璃制成的建筑玻璃幕墙，可以长久地保持清洁明亮，使建筑物光彩照人，从而减少幕墙清洗保洁费用；用自洁玻璃制成道路照明玻璃，可显著提高照明效果，免去清洁费用；将自洁净玻璃用于汽车玻璃和反射镜，不仅免于经常清洁，而且可使雨滴迅速扩散，不影响驾驶员的视线；自洁净玻璃还可以用于太阳能电池、太阳能热水器，可明显提高光—电、光—热转化效率。

（二）空气净化材料

空气净化材料是利用掺杂 TiO_2 光催化剂和具有多孔结构的无机材料进行复合，制得具有净化空气、产生负离子等功能的材料。

我国还率先利用稀土、纳米 TiO_2 与无机材料（主要是膨润土）进行复合，制备具有抗菌、空气净化、产生负离子等功能的新材料。新材料是利用稀土原子半径大、极易失掉外层电子的变价特性和高化学活性，在 TiO_2 半导体表面禁带中增加能级，从而提高 TiO_2 的光催化活性。与此同时，利用膨润土等无机材料的层状和多孔结构的离子交换特性以及吸附、化合与分解等协同作用，开发生产的涂覆灭菌材料的空气净化天花板，经测试和应用考核表明，各项性能指标达到国家标准，而且达到或超过日本同类产品平均水平，并具有减少 CO_2 和产生负离子的优良环境功能。

（三）植物纤维喷涂涂料

植物纤维喷涂涂料是以经过破碎、染色、防火、吸声等处理的植物纤维为骨料的一种涂料。根据对植物纤维喷涂涂料在"健康、环保和安全"三方面的评价，可以确认，植物纤维喷涂涂料已满足国际上公认的绿色建材标准。目前该类产品已被权威的环境保护组织（EPA）授予环保产品证书。

植物纤维材料通常采用干法喷涂方式进行施工。植物纤维材料可直接在混凝土、砖、木材、石膏及金属材料等材质的表面进行喷涂施工，也可在其他喷涂产品的表面进行覆盖包裹施工。在喷涂施工期间应连续搅拌，使胶黏剂不沉淀、不分层。另外，施工环境温度不宜过低，以防止胶黏剂冻结，影响黏结性能。

1. 通用型纤维喷涂涂料

该涂料可满足大多数用户对建筑绝热、隔声的要求。同时，它还可以直接用于建筑物室内的表面装饰，赋予建筑物一种毯状质地的装饰艺术特征。这种产品备有 6 种标准颜色，即黑、灰、灰白、白、米黄及棕色，供用户选用，还可根据用户要求进行配色。该产品在天花板上的一次性喷涂施工厚度可达 76mm。

目前，该产品已在许多建筑装饰工程上得到应用，典型的有体育场馆、礼堂、商场、演播室、博物馆、展览中心及各种娱乐场馆。另外，通过配备合适的通风系统，该产品还可以用在某些特殊场合，如室内游泳池、滑冰运动场等，以防止水汽在金属及混凝土结构表面冷凝结露，而且所用成本低于传统方法。

2. 绝热隔声型纤维喷涂涂料

该涂料主要用于建筑物墙体的绝热和隔声，一般可作为建筑物的隐藏式隔层材料。例如，在建筑物室内进行最后装饰前，可将该产品用于喷涂墙板上的缝隙及孔洞，并可将墙体上所有外露的管道、电缆以及其他不规则的附件遮盖住，形成一连续的纤维喷涂层。这样，既可进一步提高墙体的绝热性能，也有效地控制了声音通过墙体的传输。

3. 天花板吸声型纤维喷涂涂料

该涂料可分为普通型及加强型两种。后者可用在有抗机械磨损要求的场合。该纤维喷涂涂料可满足新建或翻新建筑对高效吸声及采光性能的要求。其主要用途是天花板系统的吸声喷涂。

吸声型纤维喷涂产品的特点：一方面，可提供给低熔点的易燃硬质泡沫塑料板一层表面隔离保护层，以降低泡沫塑料的闪点和改善其表面燃烧特性；另一方面，通过这两种高热阻率材料的结合，使其绝热、隔声性能得到进一步强化。

该专用纤维喷涂涂料可用于冷库、冷冻设备、冷却器、金属结构建筑及地下停车场等一些绝热、隔声要求较高的工程。

第三章 现代土木工程测量及GPS技术的应用

土木工程是建造各类工程设施的科学技术的统称。它既指所进行的勘测设计、施工、运营维护等技术活动，也指工程建设的对象，即建造在地上或地下、陆上或水中，直接或间接为人类生活、生产、军事、科研服务的各种工程设施，例如，房屋、道路、铁路、运输管道、隧道、桥梁、堤坝、港口、电站、机场、给排水等工程。为实施土木工程而进行的测量工作即为土木工程测量。因此，土木工程测量属于普通测量学和工程测量学的范畴。

第一节　土木工程测量中的水准与角度测量

一、水准测量

高程测量是测量学的基本工作内容之一。所谓高程测量，就是测量地面上各点的高程的工作。根据使用的仪器和施测方法的不同，高程测量可分为水准测量、三角高程测量、GPS拟合高程测量和气压高程测量。由于水准测量是高程测量中最基本也是具有较高精度的一种测量方法，在国家高程控制测量和工程测量中得到广泛的应用。因此，这里主要介绍水准测量。

（一）水准测量的原理

利用水准仪提供的水平视线，借助竖立在两点上的水准尺，测定两点之间的高差，再由已知点的高程推算出未知点的高程，这就是水准测量的基本原理。

如图3-1所示，已知 A 点的高程为 H_A，欲测定 B 点的高程，须先测定 A、B 两点之间的高差 h_{AB}，为此，可在 A、B 两点上竖立带有刻度的专用尺子——水准尺，并在 A、B 两点之间安置一台能够提供水平视线的仪器——水准仪，利用水准仪提供的水平视线，分

别在 A、B 两点的水准尺上读取读数 a 和 b，则 A、B 两点之间的高差为

$$h_{AB} = a - b \qquad (3-1)$$

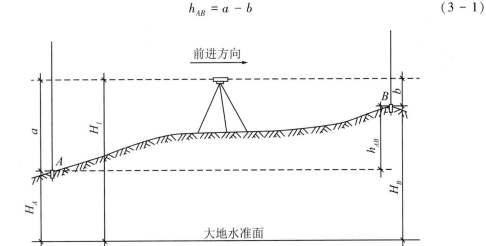

图 3-1　水准测量原理

如果水准测量是由已知点 A 向未知点 B 进行的，如图 3-1 所示的前进方向，则将 A 点称为后视点，A 点上所立的水准尺称为后视尺，A 尺上的读数 a 称为后视读数；B 点称为前视点，B 点上所立的水准尺称为前视尺，B 尺上的读数 b 称为前视读数。因此，式（3-1）可描述为两点之间的高差等于后视读数减去前视读数。当 $a > b$ 时，高差为正值，说明 B 点比 A 点高；当 $a < b$ 时，高差为负值，说明 B 点比 A 点低。

（二）水准测量的方法

1. 水准点

为了统一全国高程系统和满足科学研究、各种比例尺测图和工程建设的需要，测绘部门在全国各地埋设了许多固定的测量标志，并用水准测量的方法测定了它们的高程，这些标志称为水准点（Benchmark），常用 BM 表示。

水准点有永久性水准点和临时性水准点两种。永久性水准点一般用石料或混凝土制成，深埋在地面冻土线以下。

其顶面嵌入一个金属或瓷质的水准标志，标志中央半球形的顶点表示水准点的高程位置。有的永久性水准点埋设在稳固建筑物的墙脚上。

建筑工地上的永久性水准点一般用混凝土制成，顶部嵌入半球状金属标志。临时性水准点常用大木桩打入地下，桩顶钉入一半球状头部的铁钉，以示高程位置。

为了便于以后的寻找和使用，每一水准点都应绘制水准点附近的地形草图，标明点位到附近最少两处明显、稳固地物点的距离，水准点应注明点号、等级、高程等情况，称为点之记。

2. 水准路线

在水准测量中，为了避免观测、记录和计算中发生粗差，并保证测量成果能达到一定的精度要求，必须布设某种形式的水准路线，利用一定条件来检核所测成果的正确性。在工程测量中，水准路线一般有以下三种形式：

（1）附合水准路线

如图 3-2 所示，BM_1、BM_2 为两个已知水准点，现须求得 1、2、3 点的高程。水准路线从已知水准点 BM_1（起始点）出发，经待定点 1、2、3 附合到另一已知水准点 BM_2（终点）上，这样的水准路线称为附合水准路线。

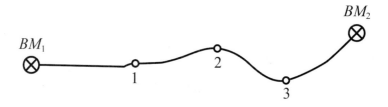

图 3-2　附合水准路线

路线中各段高差的代数和理论上应等于两个水准点之间的高差，即

$$\sum h_{理} = h_{终} - h_{始}$$

由于观测误差不可避免，实测的高差与已知高差一般不可能完全相等，其差值称为高差闭合差，用符号 f_h 表示，则有：

$$f_h = \sum h_{测} - (h_{终} - h_{始}) \tag{3-2}$$

（2）闭合水准路线

如图 3-3 所示，由 BM_1 出发，沿环线进行水准测量，最后回到原水准点 BM_1 上，称为闭合水准路线。

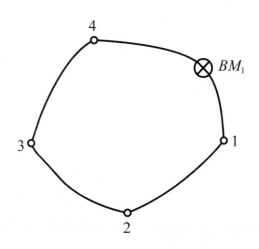

图 3-3　闭合水准路线

显然，闭于闭合水准路线，式（3-2）中的 $h_{终} - h_{始} = 0$，则路线上各点之间高差的代数和应等于零，即

$$\sum h_{理} = 0$$

若不等于零，则高差闭合差为

$$f_h = \sum h_{测}$$

（3）支水准路线

如图 3-4 所示，1、2 点为未知高程点，由一水准点 BM_A 出发，既不附合到其他水准点上，也不自行闭合，称为支水准路线。

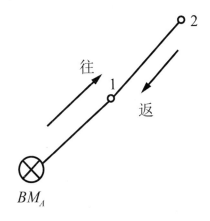

图 3-4 支水准路线

支水准路线要进行往返观测，往测高差与返测高差观测值的代数和 $\sum h_{往} + \sum h_{返}$ 理论上应为零。若不等于零，则高差闭合差为

$$f_h = \sum h_{往} + \sum h_{返}$$

支水准路线起点至终点的高差为

$$h = \left(\left| \sum h_{往} \right| + \left| \sum h_{返} \right| \right) /2$$

以上三种水准路线校核方式中，附合水准路线方式校核最可靠，它除可检核观测成果有无差错外，还可以发现已知点是否有抄错数据、用错点位等问题。支水准路线仅靠往返观测校核，若起始点的高程抄录错误和该点的位置搞错，是无法发现的。因此，应用支水准路线时应注意检查。

3. 水准测量的方法

当高程待定点离开已知点较远或高差较大时，仅安置一次仪器进行一个测站的工作就不能测出两点之间的高差。这时需要在两点之间加设若干个临时立尺点，分段连续多次安置仪器来求得两点之间的高差。这些临时加设的立尺点是作为传递高程用的，称为转点，

一般用符号 TP 表示。

如图 3-5 所示，水准点 A 的高程为 32.655 m，要测定 B 点的高程。观测时临时加设了三个转点，共进行了四个测站的观测，每个测站观测时的程序相同，其观测步骤、记录、计算说明如下：作业时，先在水准点 A 上立尺，作为后视尺，沿路线前进方向适当位置选择转点 TP_1 上立尺，作为前视尺，在距离 A 点和 TP_1 点大致等距离 I 处安置水准仪进行观测。视线长度最长不应超过 100 m。

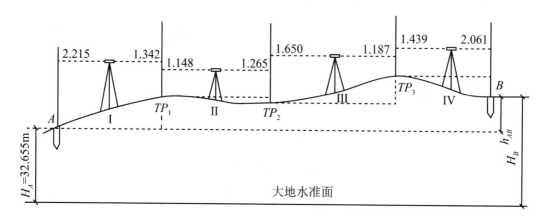

图 3-5　水准路线测量

在第一测站上的观测程序如下：

（1）安置仪器，使圆水准器气泡居中。

（2）照准后视 A 点水准尺，并转动微倾螺旋使水准管气泡精确居中，用中丝读后视尺读数 $a_1 = 2.215$。记录员复诵后记入手簿。

（3）照准前视即转点 TP_1 水准尺，精平，读前视尺读数 $b_1 = 1.342$，记录员复诵后记入手簿，并计算出 A 点与转点 TP_1 之间的高差：$h_1 = 2.215 - 1.342 = +0.873$，填入手簿中高差栏。

第一个测站观测完成后，转点 TP_1 处的尺垫和水准尺保持不动，将仪器移到 II 处安置，将 A 点处水准尺转移到转点 TP_2 尺垫上，继续进行第二站的观测、记录、计算，用同样的工作方法一直到达 B 点。

显然，每安置一次仪器，就测得一个高差，即

$$h_1 = a_1 - b_1$$
$$\dots$$
$$h_4 = a_4 - b_4$$

将各式相加，得

$$\sum h = \sum a - \sum b \tag{3-3}$$

B 点的高程为

$$H_B = H_A + \sum h \qquad (3-4)$$

式（3-3）表达了后视读数总和 $\sum a$、前视读数总和 $\sum b$ 与高差总和 $\sum h$ 之间的关系，式（3-4）表达了待求点 B 的高程 H_B 与已知点 H_A 和高差总和 h_{ab} 间的关系。利用这些相互关系可对表中的计算做校核，以检查表中整个计算是否正确。应该注意的是，校核计算只能检查计算是否正确，并不能发现观测、记录过程中有无差错。

二、角度测量

（一）角度测量的原理

角度测量是测量工作的基本内容之一，包括水平角测量和竖直角测量。常用的角度测量仪器是光学经纬仪、电子经纬仪和全站仪。水平角用于计算地面点的坐标和两点间的坐标方位角，垂直角用于计算两点的高差或将两点间的倾斜距离换算成水平距离。

1. 水平角测量原理

水平角是指空间一点到两个目标点的方向线在水平面上的垂直投影所夹的角度，或者是分别过两条方向线的竖直面所夹的二面角。如图 3-6 所示，A、B、C 为地面上的任意三点，将三点沿铅垂方向投影到一水平面上，得到对应的 A_1、B_1、C_1 三点，则水平面上两直线 B_1A_1 和 B_1C_1 所成的夹角 β 即点在地面上两方向线 BA 和 BC 间的水平角。由此可见，β 也是过 BA 和 BC 的两个铅垂面所形成的二面角，且 β 与水平面的海拔高度无关。

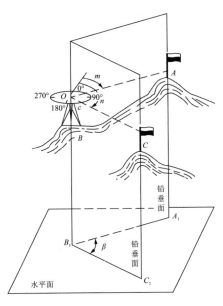

图 3-6　水平角测量原理

根据水平角的基本概念，为测量水平角值，也可通过在 B 点上方架设仪器，该仪器上须具有一个能够精确地放置在水平面上的刻有度数的圆形度盘，且圆形度盘的中心在过 B 点的铅垂线上，该圆形度盘称为水平度盘。另外，仪器还应有一个能够瞄准远方目标的望远镜，且望远镜可以在水平面和铅垂面内自由旋转，通过望远镜能够顺利地瞄准地面上的 A、C 两点，以确定方向线。两方向线 BA 和 BC 在水平度盘上的垂直投影分别对应水平度盘上的两个数值 m、n，一般水平度盘的刻画注记为顺时针，则过 BA 和 BC 的两个铅垂面所形成的二面角值为 $n-m$，所以两方向线 BA、BC 的水平角 $\beta = n-m$，β 取值范围为 $0° \sim 360°$。

2. 竖直角测量原理

竖直角是指观测目标的方向线和与其同在一个竖直面内的水平线的夹角。竖直角用 α 表示，有俯角和仰角之分。如图 3-7 所示，方向线 BA 在水平线上方称为仰角，角值符号为正，范围为 $0° \sim +90°$；方向线 BC 在水平线下方称为俯角，角值符号为负，取值范围为 $-90° \sim 0°$。方向线 BA、BC 与过 B 点向上的铅垂线之间的夹角称为天顶距，用 Z 表示，取值范围为 $0° \sim +180°$。

根据竖直角的概念，为了测量竖直角，可在 B 点上方架设仪器，该仪器须具有一个能够精确地安置在竖直面上且刻有度数的圆形度盘，并令其中心过 B 点，这个圆盘称为竖直度盘。同时仪器上的望远镜能够顺利瞄准目标确定方向线，方向线和水平线分别对应竖直度盘上的两个不同刻度值，两个数值的差值即为方向线的竖直角角值。

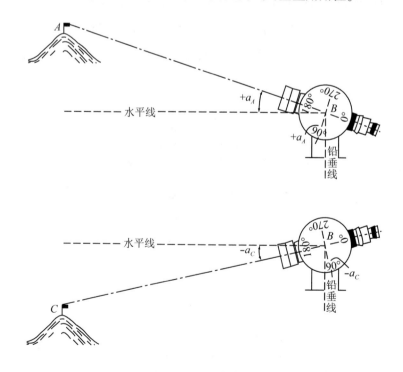

图 3-7 竖直角测量原理

根据水平角及竖直角的测量原理,用于角度测量的仪器,应具备带有刻度的水平度盘和竖直度盘,以及瞄准设备、读数设备等。经纬仪是具备了上述所有要求的测角仪器,能够用于工程中的水平角和竖直角的观测。

(二)角度测量的方法

水平角测量主要有测回法和方向观测法两种。

1. 测回法

测回法常用于测量两个方向之间的单角,如图3-8所示。

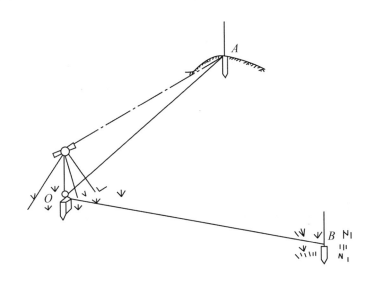

图3-8 测回法测水平角

操作步骤如下:

(1)在角顶 O 上安置经纬仪,对中、整平。将经纬仪安置成盘左位置(竖盘在望远镜的左侧,也称正镜)。转动照准部,用上述方法精确瞄准左方 A 目标,并用度盘变换手轮配置度盘起始读数后,读取水平度盘读数 a_L 并记入记录手簿。

(2)松开水平和竖直制动螺旋,顺时针转动照准部,同法瞄准右方 B 目标,读取水平度盘读数 b_L 记入手簿。盘左所测水平角为 $\beta_L = b_L - a_L$,此为上半测回。

(3)松开水平和竖直制动螺旋,倒转望远镜成盘右位置(竖盘在望远镜的右侧,也称倒镜)。先瞄准 B 点,逆时针转动再瞄准 A 点,测得 $\beta_R = b_R - a_R$,称为下半测回。

上、下半测回合称一测回。最后计算一测回值 β 为

$$\beta = \frac{b_R + b_L}{2}$$

测回法用盘左、盘右(正、倒镜)观测,可以消除仪器某些系统误差对测角的影响,

校核观测结果和提高观测成果精度。同一测回中，上、下半测回角值之差最大不超过限差（DJ$_6$型经纬仪一般取 36″）要求时，取其平均值作为一测回观测成果。若超过此差限，应重新观测。

当测角精度要求较高时，可以观测多个测回，取其平均值作为水平角测量的最后结果。为了减少度盘刻画不均匀误差，各测回应利用经纬仪上水平度盘变换手轮装置配置度盘。每个测回应按 $180°/n$ 的角度间隔变换水平度盘位置。如测三个测回，则分别设置成略大于 0°、60° 和 120°。

2. 方向观测法

当一个测站的测量方向数多于两个时，需要观测多个角度。方向观测法是以任一目标为起始方向（又称零方向），依次观测出其余各个方向相对于起始方向的方向值，则任意两个方向的方向值之差即为该两方向线之间的水平角。当方向数超过三个时，须在每个半测回末尾再观测一次零方向（称归零），两次观测零方向的读数应相等或差值不超过规定要求，其差值称为"归零差"。由于重新照准零方向时，照准部已旋转了 360°，故又称这种方向观测法为全圆方向观测法或全圆测回法。

第二节　土木工程测量中的距离测量与直线定向

一、距离测量

（一）钢尺量距

1. 平坦地面的丈量方法

平坦地面的量距工作，一般采用先定线后量距的方法（也可以边定线边量距）。具体做法如下：

（1）如图 3-9 所示，先在 A、B 两点上竖立标杆，标定出直线方向，然后一尺手指挥另一尺手在线段间每隔不足一整尺段的位置插下测钎，定好各中间分点 1，2，3，……n，然后沿 A 点到 B 点的方向量距。

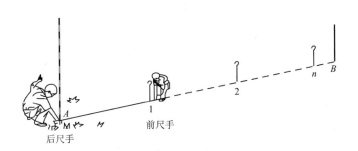

图3-9 平坦地面的距离丈量

（2）后尺手、前尺手都蹲下，后尺手以钢尺的零点对准 A 点，前尺手将钢尺贴靠在定线时的分点1。两人同时将钢尺拉紧、拉平、拉稳后，前尺手喊"预备"，后尺手将钢尺零点准确对准 A 点，并喊"好"，此刻两人同时读数，这样便完成了第一尺段 $A \sim 1$ 的一次距离。再错尺丈量两次，三次取平均值。每次错尺长度为100mm左右的一个整厘米数。

（3）后尺手与前尺手共同举尺前进。后尺手走到1点时，即喊"停"。再用同样方法量出第二尺段 $1 \sim 2$ 的距离。如此继续丈量下去，直到最后一尺段 $n \sim B$ 时，后尺手将钢尺零点对准 n 点测钎，由前尺手读 B 端点读数。这样就完成了由 A 点到 B 点的往测工作。于是，得往测 AB 的水平距离为

$$D_{AB} = l_1 + l_2 + l_3 + \cdots + l_n$$

为了检核和提高测量精度，一般还应由 B 点按同样的方法量至 A 点，称为返测。最后，取往、返两次丈量结果的平均值作为 AB 的距离。以往、返丈量距离之差的绝对值 $|\triangle D|$ 与往、返测距离平均值 $D_{平均}$ 之比，来衡量测距的精度。通常，将该比值化为分子为1的分数形式，称为相对误差，用 K 表示，即

AB 距离：

$$D_{平均} = \frac{D_{往} + D_{返}}{2}$$

相对误差：

$$K = \frac{|D_{往} - D_{返}|}{D_{平均}} = \frac{|\Delta D|}{D_{平均}} = \frac{1}{\dfrac{D_{平均}}{\Delta D}} = \frac{1}{M}$$

相对误差分母越大，则 K 值越小，精度越高；反之，精度越低。钢尺量距的相对误差一般不应超过1/3000；在量距较困难的地区，其相对误差也不应超过1/1000。

2. 倾斜地面的丈量方法

（1）平量法

如图3-10（a）所示，当地面坡度高低起伏较大时，可采用平量法丈量距离。丈量

时，后尺手将钢尺的零点对准地面点 A ，前尺手沿 AB 直线将钢尺前端抬高，必要时尺段中间有一人托尺，目估使尺子水平，在抬高的一端用垂球绳紧靠钢尺上某一刻度，用垂球尖投影于地面上，再插以测钎，得 1 点。此时垂球线在尺子上指示的读数即 A 、1 两点的水平距离。同理继续丈量其余各尺段。当丈量至 B 点时，应注意垂球尖必须对准 B 点。为了方便丈量工作，平量法往、返测均应由高向低丈量。精度符合要求后，取往、返丈量的平均值作为最后结果。

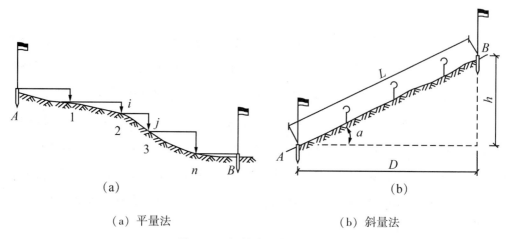

(a) 平量法　　　　　　　　(b) 斜量法

图 3-10　倾斜地面的丈量方法

（2）斜量法

如图 3-10（b）所示，当倾斜地面的坡度较大且变化较均匀时，可以沿斜坡丈量出 A 、 B 两点之间的斜距 L ，测出地面倾斜角 α 或 A 、 B 两点的高差 h ，按下式计算 AB 的水平距离：

$$D = L \cdot \cos\alpha$$

$$D = \sqrt{L^2 - h^2}$$

（二）视距量距

视距测量是根据几何光学原理，利用望远镜内的十字丝平面上的视距丝装置，配合视距尺，同时间接测定两点之间水平距离和高差的一种方法。这种方法的精度较低，相对精度约为 1/500。但操作简便，不受地形限制，且能满足地形测图中对碎部点位置的精度要求，所以，视距测量被广泛地应用于地形测图中。

（三）红外光电测距

钢尺量距是一项繁重的工作，劳动强度大，工作效率低，尤其是在地形条件复杂的情况下，钢尺量距工作更加困难，甚至无法进行。为了提高测距速度和精度，在 20 世纪 40

年代末就研制成了光电测距仪。20世纪60年代初，随着激光技术的出现及电子技术和计算机技术的发展，各种类型的光电测距仪相继出现。20世纪90年代又出现了由光电测距仪、电子经纬仪和微处理机组合成一体的电子全站仪，可同时进行角度、距离测量，能自动计算出待定点的坐标和高程等，并自动显示在液晶屏上，配合电子记录手簿，可以自动记录、存储、输出测量结果，使测量工作大为简化。

红外测距仪是采用砷化镓（GaAs）半导体二极管作为光源的相位式测距仪。目前的测距仪已具有体积小、质量轻、耗电少、测距精度高及自动化程度高等特点。

用红外测距仪测定 A 、 B 两点之间的距离 D ，在 A 点安置测距仪， B 点安放反光镜，如图3-11所示。测距仪发出光脉冲，经反光镜反射，回到测距仪。若能测定光在距离 D 上往返传播的时间，即测定发射光脉冲与接收光脉冲的时间差 Δt ，则两点之间的距离为

$$D = \frac{1}{2}b\Delta t$$

式中， b 为光速。

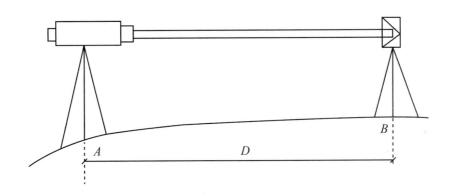

图3-11　测距仪的测距原理

二、直线定向

要确定两点间平面位置的相对关系，除了需要测量两点间的距离，还要确定直线的方向。确定地面上一条直线与标准方向之间角度关系的测量工作，称为直线定向。

（一）标准方向的种类

测量工作采用的标准方向有真子午线方向、磁子午线方向和坐标纵轴方向（三北方向图）。

1. 真子午线方向。通过地面上某点指向地球南北极的方向线，称为该点的真子午线方向，又称真北方向，可用陀螺仪测定。

2. 磁子午线方向。磁针水平静止时其轴线所指的方向线，称为该点的磁子午线方向，又称磁北方向，可用罗盘仪测定。

3. 坐标纵轴方向。坐标纵轴方向就是平面直角坐标系中的纵坐标轴方向。若采用高斯平面直角坐标系，则以中央子午线作为坐标纵轴，坐标纵轴方向又称坐标北方向。

在一般情况下，三北方向是不一致的。由于地球磁场的南、北极与地球的南、北极并不一致，因此，某点的磁子午线方向和真子午线方向间有一夹角，这个夹角称为磁偏角，用 δ 表示。磁子午线偏向真子午线以东为东偏，δ 为正，以西为西偏，δ 为负，我国各地磁偏角的变化范围为 $-10° \sim 6°$。

磁偏角的大小随地点的不同而变化，即使在同一地点，因受外界条件的影响也会有变化。所以，采用磁子午线方向作为标准方向，其精度是比较低的。

地球表面某点的真子午线北方向与该点坐标纵轴北方向之间的夹角，称为子午线收敛角，用 γ 表示。坐标纵轴偏向真子午线以东为东偏，以西为西偏，东偏为正，西偏为负。

（二）直线方向的表示方法

表示直线方向的方式有方位角与象限角两种，其中象限角应用较少。

1. 方位角

由标准方向的北端起，顺时针方向量至某直线的角度，称为该直线的方位角。角值为 $0° \sim 360°$。根据采用的标准方向是真子午线方向、磁子午线方向和坐标纵轴方向，测定的方位角分别为真方位角、磁方位角和坐标方位角，相应地用 $\alpha_{真}$、$\alpha_{磁}$ 和 α 来表示。

2. 象限角

从标准方向的北端或者南端起到已知直线所夹的角度，称作象限角，一般用 R 表示。由于象限角为锐角，与所在象限有关，因此，描述象限角时，不但要注明角度的大小，还要注明所在的象限。

（三）正反方位角的关系

由于地面上各点的真（磁）子午线方向都是指向地球（磁）的南北极，各点的子午线都不平行，给计算工作带来不便。而在一个坐标系线中，纵坐标轴方向线均是平行的。在一个高斯投影带中，中央子午线为纵坐标轴，其他各处的纵坐标轴方向都与中央子午线平行，因而，在普通测量工作中，以纵坐标轴方向作为标准方向，以坐标方位角来表示直线的方向，能给计算工作带来方便。

如图 3-12 所示，设直线 A 至 B 的坐标方位角 α_{AB} 为正坐标方位角，则 B 至 A 的方位角 α_{BA} 为反坐标方位角，显然，正、反坐标方位角互差 $180°$，如式（3-5）所示。当 $\alpha_{BA} >$

180°时，式（3-5）取"-"号；当$\alpha_{BA}<180°$时，式（3-5）取"+"号。

$$\alpha_{AB} = \alpha_{BA} \pm 180° \qquad\qquad (3-5)$$

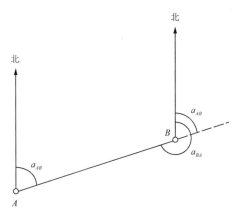

图 3-12 正反方位角的关系

第三节 土木工程测量中的线路工程与建筑施工测量

一、线路工程测量

线路工程是指长宽比很大的工程，包括铁路、公路、供水明渠、输电线路、各种用途的管道工程等。这些工程的主体一般在地表，但有的在地下，还有的在空中，如地铁、地下管道、架空索道和架空输电线路等。用发展的眼光看，地下工程会越来越多。在线路工程施工过程中遇到障碍物时，要采取不同的工程手段来解决，如遇山打隧道，过江河、峡谷架桥梁等。线路工程建设过程中需要进行的测量工作，称为线路工程测量，简称线路测量。

（一）线路测量的任务和内容

线路工程测量的主要任务有以下几点：

一是控制测量：根据线路工程的需要，进行平面控制测量和高程控制测量；

二是地形图测绘：根据设计需要，测量线路经过区域的带状地形图；

三是中线测量：按设计要求将线路位置测设于实地；

四是测绘纵、横断面图：测定路线中心线方向和垂直于中心线方向的地面高低起伏情况，并绘制纵、横断面图；

五是线路工程施工测量：包括道路中线测设、路基放样、结构物放样等。[①]

（二）线路测量的基本过程

1. 规划选线阶段

规划选线阶段是线路工程的开始阶段，一般内容包括图上选线、实地勘察和方案论证。

（1）图上选线

根据建设单位提出的工程建设基本思想，选用合适比例尺（1：50 000～1：5000）的地形图。在图上比较，选取线路方案。现实性好的地形图是规划选线的重要依据，可为线路工程初步设计提供地形信息，并可依此测算线路长度、桥梁和涵洞数量、隧道长度等项目，估算选线方案的建设投资费用等。

（2）实地勘察

根据图上选线的多种方案，进行野外实地视察、踏勘、调查，进一步掌握线路沿途的实际情况，收集沿线的实际资料。应特别注意以下信息：有关的控制点，沿途的工程地质情况，规划线路所经过的新建筑物及交叉位置，有关土石建筑材料的来源。地形图的现实性往往跟不上经济建设的速度。实际地形与地形图可能存在差异。因此，实地勘察获得的实际资料是图上选线的重要补充资料。

（3）方案论证

根据图上选线和实地勘察的全部资料，结合建设单位的意见进行方案论证，经比较后确定规划线路方案。

2. 线路工程的勘测阶段

线路工程的勘测通常分为初测和定测两个阶段。

（1）初测阶段

初测是在确定的规划线路上进行勘测、设计工作。初测阶段的主要技术工作有：控制测量和带状地形图的测绘，为线路工程设计施工和运营提供完整的控制基准及详细的地形信息；进行图上定线设计，在带状地形图上确定线路中线直线段及其交点位置，标明直线段连接曲线的有关参数。

（2）定测阶段

定测阶段的主要技术工作有：将定线设计的公路中线（直线段及曲线）放样于实地，进行线路的纵、横断面测量，线路竖向设计等。

---

① 邓晖，刘玉珠. 土木工程测量［M］. 广州：华南理工大学出版社，2015.

3. 线路工程的施工放样阶段

线路工程的施工放样是根据施工设计图纸及有关资料，在实地放样线路工程的边桩、边坡及其他的有关点位，以指导施工，保证线路工程建设顺利地进行。

4. 工程竣工运营阶段的监测

对已竣工工程，要进行竣工验收，测绘竣工平面图和断面图，为工程运营做准备。在运营阶段，还要监测工程的运营状况，评价工程的安全性。

二、建筑施工测量

在施工阶段所进行的测量工作统称为施工测量。施工测量的目的是把图纸上设计的建（构）筑物的平面位置和高程，按设计和施工的要求放样（测设）到相应的地点，作为施工的依据。在施工过程中进行一系列测量工作，以指导和衔接各施工阶段和工种间的施工。

（一）施工测量的主要内容

1. 施工前建立与工程相适应的施工控制网。

2. 建（构）筑物的放样及构件与设备安装的测量工作，以确保施工质量符合设计要求。

3. 检查和验收工作。每道工序完成后，都要通过测量检查工程各部位的实际位置和高程是否符合要求，根据实测验收的记录，编绘竣工图和资料，作为验收时鉴定工程质量和工程交付后管理、维修、扩建、改建的依据。

4. 变形观测工作。随着施工的进展，测定建（构）筑物的位移和沉降，作为鉴定工程质量和验证工程设计、施工是否合理的依据。

（二）施工测量的特点

1. 施工测量是直接为工程施工服务的，因此，它必须与施工组织计划相协调。测量人员必须了解设计的内容、性质及其对测量工作的精度要求，随时掌握工程进度及现场变动，使测设精度和速度满足施工的需要。

2. 施工测量的精度主要取决于建（构）筑物的大小、性质、用途、材料、施工方法等因素。一般高层建筑施工测量精度应高于低层建筑，装配式建筑施工测量精度应高于非装配式建筑，钢结构建筑施工测量精度应高于钢筋混凝土结构建筑。一般局部精度高于整体定位精度。

3. 施工测量受施工干扰大。

（三）施工测量的原则

1. 为了保证各个建（构）筑物的平面位置和高程都符合设计要求，施工测量也应遵循"从整体到局部，先控制后碎部"的原则。即在施工现场先建立统一的平面控制网和高程控制网，然后根据控制点的点位，测设各个建（构）筑物的位置。

2. 施工测量的检核工作很重要，因此，必须加强外业和内业的检核工作。

第四节　土木工程测量中 GPS 定位技术的应用

全球卫星导航系统（Global Navigation Satellite System，简称 GNSS）是随着现代科学技术的发展而建立起来的新一代卫星无线电导航定位系统，系统具有全能性（陆、海、空、宇宙）、全球性、全天候、高精度和实时性的导航、定位和授时功能，能为各类用户提供精密的三维坐标、速度和标准时间，尤其是在海、陆、空运动载体的导航及大地测量和工程测量的精密定位方面应用广泛。目前出现了多种全球卫星导航系统，如美国的全球定位系统（Global Positioning System，GPS）、俄罗斯的格罗纳斯系统（Global Navigation Satellite System，GLONASS）、中国的北斗卫星导航系统（COMPASS）和欧盟的伽利略定位系统（GALILEO）。

这些全球卫星导航系统在系统组成和定位原理方面具有许多相似之处，但由于 GPS 系统建成最早并最先投入使用，系统最完善，应用领域最广，拥有全球用户最多，因此，美国的"GPS"几乎成了"GNSS"的代名词。

以上四大卫星导航系统中，美国的 GPS 最为成熟，可为全球 98% 的地区提供定位服务。全球定位系统是"授时和测距导航系统/全球定位系统"（Navigation System Timing and Ranging/Global Positioning System—NAVSTAR/GPS）的简称，具有海、陆、空全方位实时三维导航与定位的能力。GPS 是美国从 20 世纪 70 年代开始研制，历时 20 余年，耗资 200 亿美元，于 1994 年全面建成并投入运营。其 24 颗卫星均匀分布在 6 个相对于赤道倾角为 55° 的近似圆形轨道上，每个轨道上有 4 颗卫星运行，它们距地球表面的平均高度为 20 183km，运行速度为 3800m/s，运行周期为 11 小时 58 分。每颗卫星可覆盖全球 38% 的面积，卫星的分布，可保证在地球上任意地点、任意时刻、在高度 15° 以上的天空都能同时观测到 4 颗以上卫星。

GPS 的出现是测绘技术的一次重要变革，它将进一步加强测绘学科与其他学科相互渗透，进而促进测绘技术的现代化发展。

GPS定位技术具有以下诸多优点：

一是测站之间无须通视。既要保持良好的通视条件，又要保障控制网的良好结构，这一直是传统测量技术在实践方面的难题之一。GPS测量不要求测站之间互相通视，只需测站上空开阔而保证GPS信号接收不受干扰即可，使得点位的选择相对灵活。

二是观测时间短。随着GPS系统的不断完善，软件的不断更新，20km以内相对静态定位，仅需15~20min；快速静态相对定位测量时，当每个流动站与基准站相距在15km以内时，流动站观测时间只需1~2min；采取实时动态定位模式时，每站观测仅需几秒钟。

三是定位精度高。应用实践证明，GPS测量点距在50km以内时的相对定位精度可达10^{-6}m；100~500km可达10^{-7}m；1000km可达10^{-9}m。在300~1500m点距的精密定位中，1h以上观测时间的平面位置解算精度优于1mm，与ME-5000高精度电磁波测距仪测定的边长比较，其边长校差最大为0.5mm，校差中误差为0.3mm。

四是全天候作业。GPS观测可在任何时间、任何地点连续进行，一般不受天气状况的影响。

五是仪器操作简便。随着GPS接收机的不断改进，GPS测量的自动化程度越来越高，操作更加方便；接收机的体积越来越小，重量也越来越轻，在很大程度上减轻了测量工作者的劳动强度。

六是可提供三维坐标。GPS测量可同时精确测定测站平面位置和大地高程，GPS水准可满足四等水准测量的精度；另外，GPS定位是在全球统一的WGS-84坐标系统中计算的，因此，全球不同地点的测量成果是相互关联的。

七是功能多，应用广。GPS可提供导航、定位、测速和授时等服务。

经过近些年的测绘实践表明，GPS以全天候、全天时、高精度、自动化、高效益等特点，成功应用于大地测量、工程测量、航空摄影、运载工具导航和管制、地壳运动测量、工程变形测量、资源勘察、地球动力学等多种学科，取得了良好的经济效益和社会效益。

GPS测量实施的工作程序可分为技术设计、选点与建立标志、外业观测、成果检核与数据处理等几个阶段。

一、技术设计

技术设计的主要内容包括精度指标的确定和网的图形设计等。精度指标通常是以网中相邻点之间的距离误差来表示，它的确定取决于网的用途。

由于精度指标的大小将直接影响GPS网的布设方案及GPS作业模式，因此，在实际设计中要根据用户的实际需要和可能恰当选取。

网形设计是根据用户要求，确定具体网的图形结构。根据使用的仪器类型和数量，基本构网方法有点连式、边连式、网连式、边点混合连接式、三角锁（或多边形）连接、导线网形连接（环形网）和星形网等多种。

二、选点与建立标志

由于 GPS 测量观测站之间不要求通视，而且网的图形结构比较灵活，故选点工作较常规测量简便。但 GPS 测量又有其自身的特点，因此，选点时应满足以下要求：点位应选在交通方便，易于安置接收设备的地方，且视场要开阔；GPS 点应避开对电磁波接收有强烈吸收、反射等干扰影响的金属和其他障碍物体，如高压线、电台电视台、高层建筑、大范围水面等。点位选定后，按要求埋置标石，并绘制点之记。

三、外业观测

外业观测包括天线安置和接收机操作。观测时天线须安置在点位上，工作内容有对中、整平、定向和量天线高。接收机的操作，由于 CPS 接收机的自动化程度很高，一般仅须按几个功能键（有的甚至只须按一个电源开关键）就能顺利地完成测量工作。观测数据由接收机自动形成，并保存在接收机存储器中，供随时调用和处理。

四、成果检核与数据处理

按照《全球定位系统（GPS）测量规范》要求，对各项检核内容严格检查，确保准确无误，然后进行数据处理。由于 GPS 测量信息量大，数据多，采用的数学模型和解算方法有很多种，在实际工作中，一般是应用电子计算机通过一定的计算程序来完成数据处理工作。

第四章 现代土木工程施工管理及其可持续发展

近年来，随着国家对基础设施建设力度的加大，矿山建设得到迅猛发展，其对环境造成的不利影响越来越受到社会的关注。基础建设对社会和经济的发展有着非常重要的带动作用，但它同时对环境产生严重影响。因此，如何在土木工程建设的同时保护生态环境，节约土地并处理好同社会、经济的关系，进而实现环境的可持续发展，怎样把我国建成一个社会主义和谐社会是一个值得我们仔细研究的课题。

第一节　土木工程施工安全管理及创新实践

工程安全一直都是建设工程施工中须十分关注的问题，由于建筑业固有的事故高发性，参与工程建设的各方主体必须承担危险环境下的安全生产保障责任，制定合理的安全生产和事故防范规章制度。

工程安全主要包括工程施工过程中人员的安全、建筑物制造和使用的安全、施工工具的使用安全和环境的安定、良好等内容。2004 年 2 月 1 日起施行的《建设工程安全生产管理条例》是从事建设工程的新建、扩建、改建和拆除等有关活动及实施安全生产监督管理必须遵守的行政性法规。2014 年 12 月 1 日起施行的《中华人民共和国安全生产法》（以下简称《安全生产法》）是指导我国安全生产的主要法律。①

---

① 　殷为民，高永辉. 建筑工程质量与安全管理［M］. 哈尔滨：哈尔滨工程大学出版社，2018.

一、基于危险源管理的建筑施工现场安全管理

（一）施工现场危险源辨识

1. 危险源定义

危险源是一个概念简单而又内容复杂的词汇，它是造成各类事故的直接原因，也是项目安全管理研究和实践的重点。作为有效实施安全管理的关键，危险源一直是处在事故链的起端位置。所以，掌握住危险源的内涵和基本规律就可以很好地控制事故的发生概率。

2. 危险源的引发机理

当前国内外的研究认为安全问题是由事故引发的，事故的产生是危险源在特定触发因素下造成的。而危险源的引发机理则可以从三个理论上得到解释。

（1）因果连锁理论

随着管理理论的深入研究，二战后人们逐渐认识到管理因素作为关键原因在事故致因中的重要作用。博德在研究海因里希事故因果连锁理论的基础上，认为人的不安全行为或物的不安全状态是工业事故的直接原因必须加以追究，进而提出了现代事故因果连锁理论。

（2）能量意外释放理论

在工程项目施工过程中具有很多带有各种能量的载体。这些载体或者是本身自带，或者是被人为赋予的。只要这种能量意外地被释放出来，那么就可能制造出冲击、碰撞、穿刺、夹击、腐蚀、毒害等作用进而引发事故。在建筑项目施工现场，以下几类情况都有可能导致能量的意外释放，比如：施工物料本身的物理化学危险性；施工中势能的积聚；施工中电、火能量的危险性；施工工艺危险性，等等。

（3）时空交叉理论

危险源爆发必须在时间吻合、空间吻合的情况下，才能够对对象造成伤害。通过研究危险源和伤害对象之间的时空关系可以发现，只要时间或空间上错开危险区域范围就可以保证不发生事故。因此，通过合理布置施工现场、调整作业工序、加强多视角观察等手段可以有效地避免危险源的时空交叉。

3. 工程项目施工现场的危险源

施工现场是工程项目运转的主要场所，也是工程项目各项目标实现的关键环节。在很多项目中施工现场的管理几乎等价于工程项目的管理。因此，要研究工程项目的危险源问题，就必须抓住施工现场这个重点场所来进行考虑。

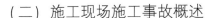

（二）施工现场施工事故概述

施工现场的危险源在某种情况或某些组合情况的推动下会导致施工事故。要保障施工的安全，降低施工事故发生的概率，不仅要研究危险源的自身分类和特点，还要研究施工现场的特点以及危险源在什么情况才会导致施工事故。进而才能反过来对我们辨识并控制危险源提供可靠的思路。

目前我国的工程项目施工事故呈现出以下四个特点：

1. 破坏性及影响大

建筑施工项目中一旦发生事故，其事故性质往往较大，并极有可能导致人员伤亡或财产损失，进而延误施工进度并造成较大的社会影响。

2. 原因复杂

在实际的工程项目施工过程中影响工程项目安全生产的因素很多，这些因素错综复杂，经常表现为组合推动事故的形成。即便是同一类的施工事故，也要根据发生的背景、操作人员，机械、材料、环境等多方面的因素来分析事故发生的原因。

施工事故产生原因的复杂性给处理、分析、评价判断事故的性质及原因增加了很大难度，而且由于工程项目的建设具有不可逆性，所以部分事故原因分析时还要考虑工程项目已施工完成的部分是否存在问题，但这往往由于隐蔽工程的因素而无法考量。

3. 可变性

工程项目的部分事故是突然发生破坏性变化而造成的，还有另外一些事故是随着时间而不断变化的。所以，监测已经成为工程项目施工过程中非常重要的环节。即便如此，对变化的掌控程度，以及监测的周期问题都会影响对危害的判断和应急处理。所以，一定要重视事故隐患的可变性，采取有效的技术和管理措施，避免事故隐患的恶化。

4. 多发性

目前在工程项目的施工过程中经常会有类似的事故或在某些工序环节上出现事故。经国内外研究由各种因素造成的主要安全问题可以分为高处坠落、机械伤害、物体打击、触电、坍塌等。这些安全问题的产生根源有很多，既可能是人的因素，也可能是物的因素，更多的是多个因素的相互推动。因此，对于这些经过统计属于多发性的事故，在工程项目的施工和管理过程中应该提前做好准备工作，加强教育，吸取经验教训，采取果断的预防措施控制事故的产生与施工现场的危险源。

无论是从具体的事物，还是从复杂的管理系统来讲，施工现场的危险源很多。如果仅将危险源的概念层次定位在发生事故的直接原因上，即上面提到的高处坠落、机械伤害、物体打击、触电、坍塌五个多发性因素外，还有很多涉及行业特点以及管理方面的因素。

（三）施工现场危险源的管理

工程项目受经济、社会、政治、环境、市场、人员、技术等多方面的影响，在施工期间经常会遇到很多不可预料的、可能导致发生事故的不利情况。那么，保证施工现场危险源及危险源辨识过程的有效管理就成为控制这些不利情况的主要方法和手段。

有效的管理就代表要能根据现场情况和数据采取及时合理的措施，要能防止危险源对工程项目人、财、物的伤害，要能使施工活动按预定的计划顺利实施。所以，施工现场危险源管理是针对工程项目管理全过程的管理与控制，要保证的是施工安全，降低事故发生的可能性。这就要求工程项目实施过程中，建设单位、施工企业、项目班组、政府监管部门、监理单位等都要主持或参与到危险源的管理中。

（四）危险源管理实践效果

1. 安全意识得到了提高

通过规范的安全教育与培训项目，施工和管理人员的安全意识和对安全隐患的认识大大提高，这不仅体现在事故率的下降上，还体现在项目施工和管理工人潜意识里对各个施工环节中小问题的注重程度。

2. 安全隐患得以排除

经过对常见危险源的分析以及对可能发生的危险源的预估，在这两个项目的实践过程中排除了一些很难注意到的安全隐患，或者为一些安全隐患提前做好人员意识和防护救护措施上的准备。比如在 B 实训楼工程中，通过对人工挖孔桩的预先估计，在出现桩孔部分坍塌的时候做到有人监控、及时监控、及时救护，不仅没有出现人身伤害，还及时根据桩孔部分坍塌的实际情况快速做出了处理方案，保证了项目的顺利进行和成本的节约。

3. 文明施工程度提高

当安全成为一种潜意识的时候，文明施工程度也会得到一定的提升。经过两个项目的实践应用，项目施工及管理人员已经能主动参与到安全教育与培训、危险源辨识与管理、安全制度安排、安全检查、安全预警等过程中来。工程项目施工现场各类比较明显的安全隐患有了较大改进。

危险源数据库逐步完善，从施工前根据过往资料和实际情况得出的危险源数据库，到施工中或事故后对危险源的认识、分析和补充完善，笔者所建的数据库信息量已经有了一定的提高。因为各个工程的具体情况不一致，所以，危险源数据库可以在不断的实践中加以积累，最终服务于新项目。

二、土木工程生产过程管理的主要特点

通过前面的论述和分析，不难得出土木施工涉及不同方面的内容，极为繁杂，要想保证各项工作得以顺利开展，需要进行不同部门的设定和运行。而且，土木工程施工的过程中面临十分不利的环境条件，导致土木安全管理工作难以顺利开展。

（一）流动性和协同性要求较高

土木工程施工的流动性较大，首先施工队伍经常是随着工程项目流动的，施工作业中大部分的建筑企业和施工人员一直都处于流动状态。当施工作业由一个位置转移到另一个位置时，必须给予施工员一段时间，让其熟悉周围建筑施工环境和施工现场变化，否则可能在这个过程中导致施工工作难以顺利开展，而且不利于安全保障。而且，实际进行施工的过程中很多从业人才所掌握的专业技能存在明显的缺失。土木施工的顺利进行离不开各个部门的共同协作和配合，但对部门间的调动协调难度是较大的。

（二）生产施工过程复杂

不可移动为建筑物的重要属性，这也决定了土木工程生产施工需要建立在一定基础之上，施工场地在很大程度上受到建筑物基本属性的影响，一些建筑施工场地不大，这也导致实际进行施工的过程中面临极为狭小的环境条件。而且在土木施工的过程中涉及各种属性和种类的施工作业，此外需要不同的施工活动一起开展，在这种情况下导致施工变得极为繁杂，不利于土木工程施工安全管理工作的顺利开展。

建筑工程中所涉及的建筑有着不同的风格，所以，这也进一步增加了施工的难度和复杂性，这无疑进一步导致安全风险的提高，使得安全管理以及劳动保护工作的开展受到极为不利的影响，面临更多的困难和阻碍。

（三）土木施工作业条件差，施工强度高

基本上所有的土木施工作业并非在室内，在这种情况下，工作人员的工作环境很差，施工工作在很大程度上受到天气的影响，这导致安全性难以得到保证，而且，实际进行施工的过程中，施工工作开展对于施工人员身体以及技能等有着极高的要求，整个施工项目涉及不同的工序，各个工序对于施工人员技能等的要求同样存在明显的不同，进一步增加了施工的难度，提升了施工的安全风险，特别是在存在违规引导与操作的情况下，施工安全就更加难以得到保证。

（四）组织结构和管理方式特殊性

众所周知，对于土木工程来说，其施工企业的管理模式以及组织结构有着自身的基本特点，建筑项目分包制度同项目管理和企业管理相分离。很多的企业在进行运营和发展的过程中同时开展不同的项目，此外项目具有明显的分散性，企业总部无法对每个项目的安全管理进行细致的安排，通常情况下，项目的安全管理是由项目经理负责。所以，尽管企业在进行运营和发展的过程中进行了安全管理制度的制定和实施，但是实际进行贯彻落实的时候面临诸多困难。而且很多的建筑企业进行项目的外包，接受项目的主体往往在安全管理责任制度上存在不同程度的缺失，而且在后期的现场管理等方面也面临诸多难题，导致整体施工项目在进行施工的过程中安全管理工作难以顺利开展。

三、土木工程施工安全管理模式的创新研究

（一）创新安全管理体系

建筑企业在进行安全生产管理机制革新与升级时，需要加强对安全生产法制发展与建设的重视。不断健全、完善相关法律法规，并确保各项法规制度得到有效落实。同时还需要根据项目工程的具体情况，设定相应的职能部门，并确保各职能部门能够充分发挥相应的职能作用。同时建筑企业还需要在充分认识建筑行业发展形势、安全生产基本属性的同时，合理建立安全生产规划，并确保各项规划落实到位，针对性地开展安全管理，确保施工安全，提高安全管理质量。

（二）创新安全管理方式

施工企业须对安全管理方式进行创新，对原有的管理理念进行转变，做到全面检查、提前预防与管理。在日常施工过程中，对各项施工环节进行严格管理与监查，做到提前发现问题、解决问题，尽可能地减少施工安全风险，降低安全隐患，为施工安全提供保障。同时施工企业还需要转变原有经验型管理理念，逐渐向专业性、技术性管理方向过渡，确保各项施工环节及管理环节均严格按照相关规范进行，提高管理的科学化与规范化。此外，施工企业还需要尽可能地扩大安全管理范畴，强化安全管理力度，确保安全生产管理方式能够及时随着时代的发展与进步而调整，及时进行升级、改革，做到与时俱进，只有这样才能保证土木工程施工中一系列的安全生产监督与管理工作能够得到顺利开展，高效落实。

（三）创新管理手段与技术及安全评价体系

施工企业需要根据社会的发展，及时对安全管理手段及技术进行更新，合理地对先进的科学技术进行利用，提高对安全事故的管理与控制能力。同时施工企业还需要结合项目实际情况及需求，对国内外先进的安全管理技术及评价体系进行学习与借鉴，不断完善自身的管理方式及评价体系，从而更全面、更有针对性地开展安全管理活动。

（四）创新现代施工安全文化体系

建筑企业需要加强对社会安全文化发展建设的重视，尽可能地为施工人员营造适宜的安全文化环境。同时施工企业还需要加强对施工人员安全意识培养的重视，通过媒体、网络等方式为施工人员开展安全知识宣传与教育，尽可能地提升工作人员的安全意识、提高其安全技能。同时企业还需要结合自身情况，根据不同岗位、不同班组、不同地区的安全管理内容及标准，组织相关人员进行针对性的教育培训，切实提供各班组、各环节施工人员的安全防护意识，减少施工安全隐患。另外，企业还须制定相应的考核制度，工作人员只有在接受专业培训、考核合格后方可上岗，为土木工程施工提供最基本的人员保障。此外，施工企业想要得到长远、稳健发展，在实际运营过程中必须结合安全生产状况，建立健全的管理运行体系及标准，逐渐打造良好的安全生产形象，切实提高工程安全管理质量。只有这样才能为企业自身建立良好的竞争优势，为其自身健康发展提供保障。

四、土木工程施工现场安全管理系统

建筑行业与人民的生产生活密切相关，它是我国的支柱型产业，同时行业从业人员也占有较大的比重。因此不难看出，建筑行业的安全生产不仅关系到行业的自身发展，也直接关系到人民生命财产安全及社会的稳定。本文基于我国建筑行业土木工程施工安全管理实际情况，深入探讨了影响管理主体效果的外在因素。其一，可以利用有效的管理手段，对建筑企业安全生产管理提供较大帮助；其二，对进一步完善安全管理的外部环境具有一定的借鉴意义。

在当代建设工程项目施工过程中，安全、质量和环境等问题是影响项目顺利进行的关键因素。其中安全事故问题一直就备受重视。本节基于系统工程角度，结合当前我国建筑施工企业的安全管理实际，以目前先进管理原理为基础，进而在理论方面建立安全管理系统，分析如何实现我国施工企业安全生产管理，以保障行业安全及企业效益。内容具有一定的现实意义和实用价值。

（一）安全管理系统概述

土木工程的施工现场安全管理是安全管理系统中非常重要的构成部分，只有在保证施工安全的基础上做好预防工作，才能使施工现场的安全管理更加规范、科学。作为一个动态化的系统，如何制定科学的管理目标和方针一直是备受关注的问题，为了更好地保障安全管理水平，获得更高的经济效益，国家建设部门也相继出台了多种法律制度，例如《安全生产法》《建筑施工安全检查标准》等，地方性法规也相继出台，这些标准和法规都为建立更完善的安全管理系统提供了重要参考。

（二）安全管理系统的建立

所谓安全管理系统的建立就是通过有计划的配置、分工来完成安全事务，通过不断的改进和优化来完善安全管理系统。在土木工程施工现场安全管理系统中，主要包含的要素分为目标、计划、风险分析、管理制度、动态控制、检验、审核、预防等，由于土木工程施工的过程存在极大的离散性，事故的发生也比较突然，因此，在实施安全管理系统的过程中必须边实施、边计划、边完善。

系统建立及运行的过程如下：首先，项目部结合施工的特点、工艺以及危险源清单对可能导致事故发生的因素进行分析、识别，对不能接受的风险有一个明确的定义；其次，以我国出台的相关标准法规作为基础，制订完善的管理计划，包括具体的措施、制度等；再次，在实施安全管理系统的过程中，供应商、业主、监理等主体要妥善协调，共同对危险因素进行控制和管理，应用事故致因理论对过程中可能存在的新的危害进行及时处理与控制；最后，还要总结经验，不断完善措施和制度，使其发挥出更大的价值和作用。

（三）安全管理系统的核心

土木工程施工现场安全管理系统中所涉及的要素有很多，只有抓住核心才能更好地运行管理系统。结合事故致因理论我们能够看出，人、机械以及环境是三个主要核心，下面分别来进行阐述。

1. 人的管理

具体要从以下三方面着手：

（1）项目经理

作为项目第一负责人，项目经理必须真正认识到安全管理的重要所在，能够对项目进行合理分配，能够与业主、监理、分包商进行良好的沟通，将安全制度真正落到实处。

（2）现场安全管理人员

必须对项目管理人员进行安全培训，增强其工作的主动性、积极性及责任感，能够认识到安全管理的重要意义。

（3）现场操作人员

首先，要加大对操作人员的培训力度，实现操作规范、防护知识的真正掌握，同时还要将操作者的安全意识真正调动起来；其次，要将安全制度真正落实下去，针对不同的岗位制定不同的规程，并对其实施的效果进行评价；最后，要完善奖惩制度，奖惩制度的制定要合理，避免发生负面作用。

2. 机械的管理

施工的过程是人与设备协调的过程，只有提高施工设备的可靠性，才能更好地避免事故发生，具体要从以下几方面着手：

（1）设备的选用

相同作用的设备其构造也存在很大差异，因此，必须结合工程的实际来合理选择操作设备，保证配置的合理性。

（2）设备的使用

在使用设备之前必须对其进行严格的检查，并记录好设备的性能和状态，对于存在安全问题的设备严禁进入施工场地。另外还要保证所有操作人员都具有上岗资格，具备严肃的工作态度。

（3）设备的检查

要对设备的精度、磨损进行检查，以此来更好地消除设备的安全隐患，另外还要加强对设备的日常检查工作，要求检查者必须具有严肃的工作态度，避免工作的形式化。

（4）设备的保养

保养能够使设备保持更良好的状态，增强其安全性和可靠性。保养分为两种：第一种为例行保养，主要包括使用前、间歇过程中及使用的保养；第二种为定期保养，制订定期保养计划，并按照计划时间对设备进行的保养。

3. 环境的管理

恶劣的环境以及现场条件也是导致事故发生的主要因素，通过对环境因素进行辨识，及时采取措施改善环境状态，对于控制事故发生也有极大的作用。

（1）地理环境的管理

施工所处的位置即为地理环境，地质、地理位置、土壤等都会对施工带来影响，因此，在工程开始前必须对地理环境进行分析，制定防控措施，降低对人和设备的不利影响，减少事故的发生。

（2）气候环境的管理

包括台风、暴雨等都属于气候环境，对于能够提前遇见的气候变化要尽早做好预防措施，对于突发的情况则要采取规避措施，对于恶劣的气候应停止露天作业。

（3）现场环境的管理

噪声、废水、灰尘、毒气都属于现场条件，不仅会损害人体健康，对设备也会带来极大的损耗，因此，必须进行有效的控制，为操作人员和设备创造良好的工作环境。

第二节　土木工程施工质量管理控制体系与检测信息化

一、基础概述

（一）建设工程质量基本概念

工程质量是基本建设行业中建设工程质量的简称。工程质量是指工程满足业主需要的，符合国家法律、法规、技术规范标准、设计文件及合同规定的特性综合。

建设工程作为一种特殊的产品，除具有一般产品共有的质量特性，如性能、寿命、可靠性、安全性、经济性等满足社会需要的使用价值及其属性外，还具有特定的内涵。

建设工程质量的特性主要表现在以下六个方面：

1. 适用性，即功能：是指工程满足使用目的的各种性能。包括：理化性能，如尺寸、规格、保温、隔热、隔音等物理性能；耐酸、耐碱、耐腐蚀、防火、防风化、防尘等化学性能；结构性能，指地基基础牢固程度，结构的强度、刚度和稳定性；使用性能，如民用住宅，工程要能使居住者安居，工业厂房要能满足生产活动需要，道路、桥梁、铁路、航道要能通达便捷等。建设工程的组成部件、配件、水、暖、电、卫器具、设备也要能满足其使用功能；外观性能，指建筑物的造型、布置、室内装饰效果、色彩等美观大方、协调等。

2. 耐久性，即寿命：是指工程在规定的条件下，满足规定功能要求使用的年限，也就是工程竣工后的合理使用寿命周期。由于建筑物本身结构类型不同、质量要求不同、施工方法不同、使用性能不同的个性特点，目前国家对建设工程的合理使用寿命周期还缺乏统一的规定，仅在少数技术标准中，提出了明确要求。如民用建筑主体结构耐用年限分为四级（15~30年，30~50年，50~100年，100年以上）；公路工程设计年限一般按等级控制在10~20年；城市道路工程设计年限，视不同道路构成和所用的材料，设计的使用年限也有所不同。对工程组成部件（如塑料管道、屋面防水、卫生洁具、电梯等）也视生产厂家设计的产品性质及工程的合理使用寿命周期而规定不同的耐用年限。

3. 安全性：是指工程建成后在使用过程中保证结构安全、保证人身和环境免受危害的程度。建设工程产品的结构安全度、抗震、耐火及防火能力，人民防空的抗辐射、抗核污染、抗爆炸波等能力，是否能达到特定的要求，都是安全性的重要标志。工程交付使用之后，必须保证人身财产、工程整体都有能免遭工程结构破坏及外来危害的伤害。工程组成部件，如阳台栏杆、楼梯扶手、电器产品漏电保护、电梯及各类设备等，也要保证使用者的安全。

4. 可靠性：是指工程在规定的时间和规定的条件下完成规定功能的能力。工程不仅要求在交工验收时要达到规定的指标，而且在一定的使用时期内要保持应有的正常功能，如工程上的防洪与抗震能力、防水隔热、恒温恒湿措施、工业生产用的管道防跑、冒、滴、漏等，都属可靠性的质量范畴。

5. 经济性：是指工程从规划、勘察、设计、施工到整个产品使用寿命周期内的成本和消耗的费用。工程经济性具体表现为设计成本、施工成本、使用成本三者之和。包括从征地、拆迁、勘察、设计、采购（材料、设备）、施工、配套设施等建设全过程的总投资和工程使用阶段的能耗、水耗、维护、保养乃至改建更新的使用维修费用。通过分析比较，判断工程是否符合经济性要求。

6. 与环境的协调性：是指工程与其周围生态环境协调，与所在地区经济环境协调以及与周围已建工程相协调，以适应可持续发展的要求。

上述六个方面的质量特性彼此是相互依存的。总体而言，适用、耐久、安全、可靠、经济与环境适应性，都是必须达到的基本要求，缺一不可。但是对于不同门类、不同专业的工程，如工业建筑、民用建筑、公共建筑、住宅建筑、道路建筑，可根据其所处的特定地域环境条件、技术经济条件的差异，有不同的侧重面。

（二）质量控制体系的组织框架

质量保证体系是运用科学的管理模式，以质量为中心所制定的保证质量达到要求的循环系统，质量保证体系的设置可使施工过程中有法可依。但关键在于运转正常，只有正常运转的质量保证体系，才能真正达到控制质量的目的。而质量保证体系的正常运作必须以质量控制体系来予以实现。

施工质量控制体系是按科学的程序运转，其运转的基本方式是 PDCA 的循环管理活动，是通过计划、实施、检查、处理四个阶段把经营和生产过程的质量有机地联系起来，而形成一个高效的体系来保证施工质量达到工程质量的保证。

1. 以我们提出的质量目标为依据，编制相应的分项工程质量目标计划，这个分项目标计划应使项目参与管理的全体人员均熟悉了解，做到心中有数。

2. 在实施过程中，无论是施工工长还是质检人员均要加强检查，在检查中发现问题并及时解决，以使所有质量问题解决于施工之中，并同时对这些问题进行汇总，形成书面材料，认真分析总结，以保证在今后或下次施工时不出现类似问题。

3. 在实施完成后，对成型的建筑产品进行全面检查，发现问题，追查原因，对不同问题进行不同的处理，从人、材料、方法、机械、环境等方面进行讨论，并形成改进意见，再根据这些改进意见而使施工工序进入下次循环。

（三）施工质量检测信息化概述

建设工程质量检测工作是国家进行工程质量监控的重要手段，在建设工程质量检测监督管理中发挥着重要的监控威慑作用。建设工程质量检测机构的信息化管理是指在建设工程质量检测机构中，利用计算机自动化技术、网络技术以及现代通信技术等手段对建设工程质量检测机构及其所属各部门的检测业务进行综合管理，为建设工程质量检测机构的整体运行提供全面、自动化的管理及各种服务。伴随近年来检测报告为建设工程质量提供判定依据的重要性被广泛重视，建设工程质量检测行业中越来越多的检测机构逐步认识到信息化管理在提升其检测工作质量中的重要性。

建筑工程施工过程中，工程质量检测是关键环节，随着时代的发展，人们对建筑工程质量及功能要求越来越高，工程质量检测方法与手段要求更高，检测速度要求更高。信息化的出现，给建筑工程质量检测与管理创造了有利条件，工程质量检测部门可借助信息技术对建筑材料配件等进行全面的检测，以此获得详细的工程质量检测报告，这有利于保障建筑工程质量。信息化在建筑工程质量检测中发挥着重要的作用，具体表现在以下两个方面：

第一，在建筑工程质量检测中，可借助信息化手段详细地呈现出工程质量检测中各个部分的具体信息，并形成工程质量检测报告。在这一工程质量检测报告中，既体现出了工程质量检测与管理的全过程，也体现出了工程质量检测的重点，使质量检测过程更加清晰和具体。同时，建筑工程管理部门也可借助信息化手段开展有效的管理工作，在信息技术的作用下，可对建筑工程中产生的各项数据进行有效的分析，也能够在此基础上进行有效的工程预算，这对于提升建筑工程效益有着重要的意义。

第二，信息化的运用可促使建筑工程质量检测具有可追溯性，主要是因为信息化能够对建筑工程质量检测过程进行有效的监督，可随时随地反馈工程质量检测的整个过程及变化，这样便能找出质量检测过程中存在的问题及原因，并采取有效的解决措施，以此保证质量检测工作的有效开展，进而保证建筑工程质量。

（四）工程质量控制与管理的意义

多年来，我国一直贯彻执行"百年大计，质量第一"的建设方针，在质量管理方面取得了巨大的成就，也积累了丰富宝贵的经验，这对国家建设和扩大对外开放发挥了重要的作用。

随着我国改革开放与加入世界贸易组织（WTO），质量管理工作已经越来越受人们重视。企业领导清醒地认识到，高质量的产品和服务是市场竞争的有效手段，是争取用户、占领市场先机以及发展企业的根本保证。

工程项目是一种涉及面广，建设周期长，影响因素多的建设产品。由于其自身具备的群体性、固定性、协作性、复杂性和预约性等特点，决定了工程质量难以控制的特点。要想获得理想的、满足用户使用要求的建设产品，并在使用寿命期内发挥其作用，就必须加强工程项目的质量控制与管理。如工程质量差，则其不但不能发挥应有的作用，还会危害到国家与人民生命、财产的安全。[①]

二、质量管理控制体系研究

（一）土木工程质量管理和控制的因素

1. 人的因素

人的因素主要指领导者的素质、操作人员的技术水平以及服务人员的质量观念。领导者素质高，决策能力就强，就有较强的质量规划、目标管理、施工组织和技术指导、质量检查的能力，管理制度完善，技术措施得力，工程质量就高。操作人员具备较强的技术水平和一丝不苟的工作作风，就会严格执行质量标准和操作规程等。服务人员具备较强的质量观念，就会做好技术和生活服务，以出色的工作质量，间接地保证工程质量。

2. 机械设备的因素

机械包括工程设备、施工机械和各类施工工器具。工程设备是指组成工程实体的工艺设备和各类机具，工程设备是工程项目的重要组成部分，其质量的优劣，直接影响到工程使用功能的发挥。施工机械和各类工器具是指施工过程中使用的各类机具设备，施工机械设备是所有施工方案和工法得以实施的重要物质基础，合理选择和正确使用施工机械设备是保证项目施工质量和安全的重要条件。

---

① 　魏蓉，马丹祥. 工程质量控制与管理［M］. 北京：希望电子出版社，2016.

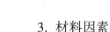
3. 材料因素

材料是工程施工的物质条件，包括工程材料和施工用料，材料质量是工程质量的基础，材料质量不符合要求，工程质量也就不可能达到标准。由于工程施工所需的材料种类多、用量大，采取全面检查是难以实现的，但采取抽检的方法，往往又会产生遗漏。因而全面加强对材料的质量控制，是保证工程质量的基础。

4. 方法因素

施工过程中的方法，指在工程项目整个建设周期内所采取的技术和方法，以及工程检测、试验的技术和方法等。从某种程度上讲，技术方案和工艺水平的高低，决定了项目质量的优劣。依据科学的理论，采用先进合理的技术方案和措施，按照规范进行施工，必将对保证工程项目的结构安全和满足使用功能起到良好的推进作用。

（二）施工质量控制的基本内容

1. 施工质量控制的目标

（1）施工质量控制的总体目标是贯彻执行建设工程质量法规和强制性标准，正确配置生产要素和采用科学管理的方法，实现工程项目预期的使用功能和质量标准。这是建设工程参与各方的共同责任。

（2）建设单位的质量控制目标是通过施工全过程的全面质量监督管理、协调和决策，保证竣工项目达到投资决策所确定的质量标准。

（3）设计单位在施工阶段的质量控制目标，是通过对施工质量的验收签证、设计变更控制及纠正施工中所发现的设计问题，采纳变更设计的合理化建议等，保证竣工项目的各项施工结果及设计文件（包括变更文件）所规定的标准相一致。

（4）施工单位的质量控制目标是通过施工全过程的全面质量自控，保证交付满足施工合同及设计文件所规定的质量标准（含工程质量创优要求）的建设工程产品。

（5）监理单位施工阶段的质量控制目标是：通过审核施工质量文件、报告报表及现场旁站检查、平行检测、施工指令和结算支付控制等手段的应用，监控施工承包单位的质量活动行为，协调施工关系，正确履行工程质量的监督责任，以保证工程质量达到施工合同和设计文件所规定的质量标准。

2. 施工质量控制的过程

（1）施工质量控制的过程，包括施工准备质量控制、施工过程质量控制、施工验收质量控制。

①施工准备质量控制是指工程项目开工前的全面施工准备和施工过程中各分部分项工程施工作业前的施工准备（或称为施工作业准备），此外，还包括季节性的特殊施工准备。

施工准备质量是属于工作质量范畴，然而它对建设工程产品质量的形成产生重要的影响。

②施工过程的质量控制是指施工作业技术活动的投入与产出过程的质量控制，其内涵包括全过程施工生产及其中各分部分项工程的施工作业过程。

③施工验收质量控制是指对已完工程验收时的质量控制，即工程产品质量控制。包括隐蔽工程验收、检验批验收、分项工程验收、分部工程验收、单位工程验收和整个建设工程项目竣工验收过程的质量控制。

（2）施工质量控制过程既有施工承包方的质量控制职能，也有业主方、设计方、监理方、供应方及政府的工程质量监督部门的控制职能，他们具有各自不同的地位、责任和作用。

①自控主体施工承包方和供应方在施工阶段是质量自控主体，他们不能因为监控主体的存在和监控责任的实施而减轻或免除其质量责任。

②监控主体业主、监理、设计单位及政府的工程质量监督部门，在施工阶段是依据法律和合同对自控主体的质量行为和效果实施监督控制。

③自控主体和监控主体在实施全过程相互依存、各司其职，共同推动施工质量控制过程的发展和最终工程质量目标的实现。

（3）施工方作为工程施工质量的自控主体，既要遵循本企业质量管理体系的要求，也要根据其所承建工程项目质量控制系统中的地位和责任，通过具体项目质量计划的编制与实施，有效实现自主控制的目标。一般情况下，对施工承包企业而言，无论工程项目的功能类型、结构形式及复杂程度存在怎样的差异，其施工质量控制过程都归纳为以下相互作用的八个环节：

工程调研和项目承接：全面了解工程情况和特点，掌握承包合同中工程质量控制的合同条件；施工准备，图纸会审、施工组织设计、施工力量设备的配置等；材料采购；施工生产；试验与检查；工程功能检测；竣工验收；质量回访及保修。

3. 施工质量控制的依据

施工阶段质量控制的依据主要有以下几方面：

（1）工程施工承包合同

工程施工承包合同所规定的有关施工质量方面的条款，既是发包方所要求的施工质量目标，也是承包方对施工质量责任的明确承诺，理所当然成为施工质量验收的重要依据。

（2）工程施工图纸

"按图施工"是施工阶段质量控制的一项基本原则，因此，经过批准的设计图纸和技术说明等设计文件，无疑是质量控制的重要依据。由发包方确认并提供的工程施工图纸，以及按规定程序和手续实施变更的设计和施工变更图纸，是工程施工合同文件的组成部分，也是直接指导施工和进行施工质量验收的重要内容。但是，为了保证图纸质量以及了解工程图纸设计意图，需要由建设单位、监理单位、施工单位和设计单位共同进行图纸会审，发现和减少质量隐患，为工程施工质量控制奠定坚实基础。

（3）工程施工质量验收统一标准（简称"统一标准"）

工程施工质量验收统一标准是国家标准，《建筑工程施工质量验收统一标准》（GB50300-2013）是由建设部和国家质量监督检验检疫总局联合发布并监督执行的，该标准规范了全国建筑工程施工质量验收的基本规定、验收的划分、验收的标准以及验收的组织和程序。根据我国现行的工程建设管理体制，国务院各工业交通部门负责对全国专业建设工程质量的监督管理，因此，其相应的专业建设工程施工质量验收统一标准，是各专业工程建设施工质量验收的依据。

（4）建设法律、法规、管理标准和技术标准

现行的建设法律法规、管理标准和相关的技术标准是制定施工质量验收"统一标准"和"验收规范"的依据，而且其中强调了相应的强制性条文。因此，也是组织和指导施工质量验收、评判工程质量责任行为的重要依据。

例如：1997 年 11 月 1 日中华人民共和国主席令第 91 号发布《中华人民共和国建筑法》；2000 年 1 月 30 日中华人民共和国国务院第 279 号发布《建设工程质量管理条例》；2001 年 4 月建设部发布《建筑业企业资质管理规定》。

（三）质量管理控制体系的内容

质量管理控制体系是现代企业经营管理中的一种管理手段，是为了指导人们的某项工作或服务能够达到所要求的质量标准而展开的一系列有计划的活动。并要求管理者完成三个方面体系的建立。第一，建立质量意识管理控制体系，改变传统的单一质量意识和质量观念，在项目中树立全面质量观念，全面质量包括产品质量、过程质量、工作质量三方面。第二，建立质量组织管理控制体系，质量管理的组织结构需要发生改变，应加大建设方管理的力度，突出建设方对施工方的监督检查职能。第三，建立质量检查与控制体系，质量检查与控制贯穿该工程项目形成和质量管理体系运行的全过程，通过一系列活动和措施，监控产品及其形成的所有环节，及时发现并排除这些环节中有关活动偏离规定要求的现象，使预防与检验相结合。

（四）施工企业质量管理控制体系的建立和运行

建筑施工企业质量管理体系是企业为实施质量管理而建立的管理体系，其通过第三方质量认证机构的认证，为该企业的工程承包经营和质量管理奠定基础。企业质量管理体系

应按照我国《质量管理体系基础和术语》（GB/T 19000—2015）质量管理体系族标准进行建立和认证。该标准是我国按照等同原则，采用国际标准化组织颁布的 ISO 9000；2015 质量管理体系族标准制定的。其内容主要包括 ISO 9000；2015 质量管理体系族标准提出的质量管理七项原则，企业质量管理体系文件的构成，以及企业质量管理体系的建立与运行、认证与监督等相关知识。

1. 企业质量管理体系的建立

（1）企业质量管理体系的建立，是在确定市场及顾客需求的前提下，按照七项质量管理原则制定企业的质量方针、质量目标、质量手册、程序文件及质量记录等体系文件，并将质量目标分解落实到相关层次、相关岗位的职能和职责中，形成企业质量管理体系的执行系统。

（2）企业质量管理体系的建立还包含组织企业不同层次的员工进行培训，使体系的工作内容和执行要求为员工所了解，为形成全员参与的企业质量管理体系的运行创造条件。

（3）企业质量管理体系的建立须识别并提供实现质量目标和持续改进所需的资源，包括人员、基础设施、环境、信息等。

2. 企业质量管理体系的运行

（1）企业质量管理体系的运行是在生产及服务的全过程中，按质量管理体系文件所制定的程序、标准、工作要求及目标分解的岗位职责进行运作。

（2）在企业质量管理体系运行的过程中，按各类体系文件的要求，监视、测量和分析过程的有效性和效率，做好文件规定的质量记录，持续收集、记录并分析过程的数据和信息。

（3）按文件规定的办法进行质量管理评审和考核。对过程运行的评审考核工作，应针对发现的主要问题，采取必要的改进措施，使这些过程达到所策划的结果并实现对过程的持续改进。

（4）落实质量体系的内部审核程序，有组织、有计划地开展内部质量审核活动，其主要目的是：评价质量管理程序的执行情况及适用性；揭露过程中存在的问题，为质量改进提供依据；检查质量体系运行的信息；向外部审核单位提供体系有效的证据。

为确保系统内部审核的效果，企业领导应发挥决策领导作用，制订审核政策和计划，组织内审人员队伍，落实内审条件，并对审核发现的问题采取纠正措施和提供人、财、物等方面的支持。

（五）施工过程中的质量管理控制措施

施工过程中的管理质量控制措施的分析，须从工程管理、施工过程管理、施工项目管理等各个方面入手，充分考虑施工过程中质量控制的相关因素，并对这些因素进行分析研究，确定其对施工过程质量控制措施的影响，从而实现对施工过程中的工程管理措施的优化。

1. 完善建筑土建工程施工的质量控制制度

如今发生的重大安全事故和责任事故都是由于监管不到位造成的，因此，需要不断地深化监管制度的改革，应当明确建筑土建工程施工管理中各环节各层次的分工，明确每个人的权利、义务和责任，这样可以在发生事故时及时地确定责任人以更有效地追责，从而避免出现互相推诿、互相扯皮的"踢皮球"的现象。同时，可以对施工人员使用质量目标管理的模式，质量目标管理就是通过将施工工程中比较抽象的计划目标分为具体的指标和质量目标，从而使工程施工具有了强烈的目标性和计划性，可以在一段时间内将每个人的思想和行为统一到保证质量的目标上来，增强了人员工作的方向性，从而激发了他们的潜力和创造性。

2. 建立健全施工组织结构

施工组织结构是开展施工过程质量控制的基本保证，施工组织结构能够有效地集合工程建设的各个组成人员形成项目班子，实现对人员的有效配置。确保施工组织结构的完整性，有助于监理人员、设计人员、施工人员的协调发展，为设计工作的开展做准备，为材料、技术、设备、人力的提供做准备。施工组织结构以满足项目发展需求为前提，具体而言，在工程管理中可以根据施工过程的成本控制、施工过程的进度管理、施工过程质量控制、施工过程的风险管理等形成小型的组织结构，提高工程管理的专业化、针对性。同时构建施工组织机构能够明确项目中每个人员的权责关系，提高工程建设工作的有效性，大幅度提高管理指令的执行效率，推动工程项目的循环发展；组织结构内部形成完整的管理，有助于对每个施工人员的工作进行有效的指导。

3. 建立健全相关制度和规范

当前施工过程质量控制存在以下问题：一是在工程施工过程管理中缺少相关的制度和规范，相关文件、规章也同样缺少。因此，需要制定相关管理制度来对施工人员进行优化配置，提高人这一主要因素对于工程管理的影响。二是在管理过程中，缺少相应的评价制度。施工过程质量控制措施要求提高从业人员对于施工过程的积极性，设置相关的评价制度，改善当前工程项目发展所遇到的无序性问题。三是需要构建项目经理制度。该制度是现代企业管理制度下的创新制度，是开展项目管理工作的有效措施。建立健全施工过程项目经理制度能够使工程管理工作在专业管理人员、专业施工人员的指导下，提高工作的有序性，并且从根本上实现对工程管理人员的有效管理，优化配置各种人力资源，设立专门的监督管理职位，指导相关工作的开展。此外，项目经理人具有较强的综合能力，能够对工程管理中的材料、工序等进行优化配置，减少施工资源的浪费，实现工程项目管理的经济效益和社会效益，推动建筑承包企业的可持续发展。四是需要完善工程施工过程中的合同制度，在施工过程中，合同与设计方案都是施工质量控制的依据。当前完善合同制度不仅能够为施工过程提供依据，还能够减少工程建设中不同承包商之间的权益纠纷，提高工程施工的有序性，从而实现工程质量的控制与管理。

4. 加强工程项目施工现场管理

建筑施工企业现场管理的实施阶段是指从项目现场开工到工程竣工，完整验收交付工程款这一完整的过程。在这个阶段中，业主方、施工单位、监理单位都在当中扮演着至关重要的角色，都按照各自的工程任务履行着自己的义务，通力合作共同按照设计的要求来一步步建成符合要求的项目。这个阶段的管理主要包括对施工人员、材料以及施工设备的管理，进而对项目进行全面的监控，最终在规定的工期内，在有限的资源条件下，尽可能地在确保施工质量的前提下，加快施工进程，缩短项目工期、降低工程成本来圆满地完成施工任务。

施工现场管理的实施阶段也是整个工程的核心阶段，它的资源投入量是整个工程项目的重中之重，当然，它的管理难度也是最为繁杂的，因此，能否对施工现场管理进行不断优化也是工程项目的重要内容。企业现场管理的水平直接对项目管理的三大目标（质量、成本、进度）产生重要的影响，因此，建立科学的管理秩序，建立有效的管理机制是施工企业能否对施工现场管理有利监控必不可少的，关系到能否有效地对施工现场进行管理，将投入资源更加合理地利用，提高资源利用率，从根本上降低施工成本，提高工程的效益。所以，加强施工现场的管理，制定科学有效的管理机制，不断提高管理水平。这样才能更好地协调成本、质量、进度三者之前的关系，调节好三者之间的互相转化，为企业创造更大的效益。

三、施工质量检测信息化技术应用

（一）企业施工质量信息化构想

1. 施工现场信息化管理

企业的生产过程包括物料采购、事故分析处理、财务管理等，在这些生产过程中积极采用数字信息化，将收集到的各种有用的信息及时地记录下来，这样使企业内部资源的分配得到优化，达到不浪费资源，提高效率的要求。

2. 信息化管理构想

实现施工现场的动态管理，需要通过计算机构建一个网络信息系统，质量管理是一个重要的依据，信息化管理可以提高其质量管理的水平。信息管理系统是以计算机为核心，对施工现场的施工工艺、工序等情况进行动态管理，以达到施工要求。

（二）施工管理工作信息化的变化

1. 事故现场实况信息的收集

施工现场的管理人员、质检人员、指挥人员对事故的情况较为清楚，原来则需要向他们询问，而且是以面对面的访谈形式，来了解收集事故现场的信息，而现在可以通过网络进行现场的记录收集，如坍塌的事故现场的描述、测绘和录像等记录信息，并交与专门的管理部门处理，这样收集信息较快，工程管理者也能及时地收到报告，并且依据报告做出合适的选择，保证工程的正常进行。

2. 原因分析所需资料的查找

当需要与事故现场相关的资料时，查找这些资料不再需要工作人员亲自去资料室寻找，可以通过计算机上的检索软件来查找，这个过程极大地缩短了工作的时间。

3. 事故原因分析

信息化后，收集来的所有资料的处理，不再是通过人工统计，而是直接交由计算机诊断、分析来完成。

4. 事故分析报告的生成

将管理软件安装到计算机后，事故分析后的报告是在计算机上自动生成，而不再需要工作人员根据自己收集来的数据整理、编制事故分析报告。

5. 事故分析报告的提交

将信息技术应用到管理后，向公司质量有关管理部门提交事故分析报告等可以直接通过网络传递，改变了通过员工递送报告的形式。

6. 事故分析报告的储存及影响

报告及其相关资料的储存方式主要是电子方式，这样就减少了纸张的应用。

（三）提升建筑施工管理水平需要依赖信息化

建筑施工企业要做到信息化，要做好相关的准备，因为这是一个长期的过程，而且这个过程也比较复杂，要做到实事求是，从实际出发，借鉴别的优秀先进公司的经验，规划好企业的目标，确定实施战略，企业管理者要有耐心，不要因为没有马上看到结果就放弃，高标准地规划好整个信息化的过程，然后逐步实施。企业在规划自己业务的同时，要注意留心数据的重要性，分析信息的需求，建立属于自己的数据库，同时构建一整套信息化系统的结构，包括系统的框架、数据类型、结构模型等。

同时也应将信息技术应用到标准化工作中，同时依据信息化的要求，建立一套信息资源管理的标准，从而规范企业收集来的各类信息资源等，达到方便分析处理的要求。企业根据其所处的阶段对管理的需要，对比较烦琐且耗时较长的管理工作进行集成信息化，来简化甚至消除没必要的工作，例如工作信息的传递，用户可以通过电子邮件、电子公告等方式传递给所需的部门和人员，使得远距离上报材料和审批文件效率得到极大的提高。

1. 交谈访问方式的改变

原来信息的收集、传递等需要面对面的访谈，而信息化后则转变为网络方式访谈，由于网络式访谈无须出行，大大降低了质量管理人员出行的开支。

2. 人员工作量的减少

（1）通信即信息的传递不再需要人员，提高了传递效率。

（2）查找文件不再需要人员去资料室或档案室翻阅，而是通过计算机搜索，所需时间更短。

（3）签名无须手工。

3. 现场取样、调查，实验工作减少

既可以减少这些工作的人力资源，将这些人力应用到其他工作中，又降低了进行这些工作的费用，降低企业的工作成本。

4. 专家工作减少

将信息技术应用到企业中意味着企业采用了一些专业的管理软件，这一改变使得企业不再需要专家，这样极大地节省了企业的开支。

5. 纸介质减少

在将信息化技术应用到企业之前，信息交流采用的是原始的方式，即通过纸和笔，这种方式对纸张的消耗是极大的。信息化后，不再使用纸张，从而减少了这种消耗。

四、土木工程施工质量检测信息化的设计理念

土木工程施工质量检测信息化的设计和构建是基于工程质量检测过程来讲的，而理念的设计和发展与社会发展和土木工程信息化的发展需求是密切相关的。从工程施工角度来说，工程质量达标与否需要按照行业标准和施工设计要求进行工程合格验收，为了避免因施工质量导致重新施工造成巨大的经济损失，工程质量检测信息化必须满足现行行业标准要求和设计要求，检测结果能够对工程从材料使用、工程结构强度和稳定性、施工质量和性能等进行全面的数据体现和质量评价，对工程施工潜在的缺陷和风险进行评估，在消除质量问题的基础上对施工质量进行监测和预警。

为了能够获取科学正确的检测数据，信息化必须具备稳定的工作模式，这也是衡量土

木工程施工质量检测信息化系统稳定性、系统检测结果是否具有科学可信度的一个重要指标。信息化工作模式，见图 4-1，信息化检测系统通过自身设置的感应装置对工程检测对象进行检测，通过信号处理和传输将检测信息传输到信息化数据处理系统，经过数据处理分析后将检测结果显示。为了达到工作稳定效果，信息化系统应当应用先进的感应装置技术、符合行业标准和设计要求的现代化数据分析和诊断理论和系统、各种环境下系统保持稳定的控制系统以及能够将工作系统进行整体融合的信息化技术，使系统能够达到自我感知、自我识别、自我适应、自我控制和自我修复的能力，且实现工程检测的自动化、信息化和智能化。

其中，信息化技术的稳定应用，离不开可靠稳定的信息传输方式，为了获取准确可靠的信息化检测数据，必须对信息化传输方式进行深入分析和针对性选择，在满足工程施工检测需要，以及根据施工检测自身特点的条件下，对信息化检测系统的信号传递速度、数据传输的安全性、传输距离、干扰环境等进行综合考虑，在保证信息传输稳定可靠的基础上，降低运行成本和安全成本。

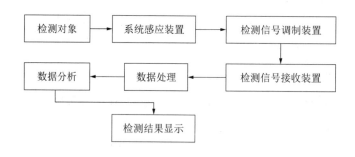

图 4-1　工作模式

第三节　土木工程施工的可持续发展战略分析

20 世纪 80 年代提出的"可持续发展"原则，已经被大多数国家和人民所认同。可持续发展是指"既满足当代人的需要，又不对后代人满足其需要的发展构成危害"。土木工程工作者对贯彻这一原则有重大责任。

土木工程经过了几千年的发展，从原始社会的洞穴到今天的摩天大楼，有了奇迹般的进步。但这些土木工程建筑的出现大都对环境有破坏作用，随着人口的不断增长、生态失衡，人类生存环境也逐渐恶化。所以在土木工程的今后发展建设过程中，要贯彻能源消耗、资源利用、环境保护、生态平衡的可持续发展原则。

目前工程材料主要是钢筋、混凝土、木材等，在未来，传统材料将得到改观，一些全新的更加适合建筑的材料将问世，尤其是化学合成材料将推动建筑走向更高点。同时，设计方法的精确化、设计工作的自动化、信息和智能化技术的全面引入，将会使人们有一个更加舒适的居住环境。

土木工程的发展在一定程度上展现出国家的发展水平。而土木工程的发展历程是十分久远的，而且是持久不衰的。直到现在土木工程依然飞速发展，而且拓展到各个领域。理论的发展、新材料的出现、计算机的应用、高新技术的引入等都将使土木工程有一个新的飞跃。[1]

可持续发展战略，并不只是追求节省，而是要摸索到一种最合理最有效的状态，既能够保证建筑物有足够的创意，也要追求完美实际的技术经济指标，以此来实现最少的投入获得最大的效益。我们还要努力创造经典，但决不能是建立在金钱挥霍，建立在资源、能源耗费的基础之上。现在，建筑已经进入生态美学的时代，强调文化、工程、生态与环境之间的关系，注重人性化、节能与可持续发展才是当代工程师的着眼方向。[2]

一、土木工程可持续发展战略的意义

(一) 减少环境问题

新时期，人们对于生态环境问题的重视程度越来越高，整个世界都进入了低碳发展、绿色经营的时期，土木工程建设也应该迎合这一趋势，顺应时代发展的要求，本着可持续发展的理念，控制建设规模，采用全新的绿色科技，减少污染物的排放，从而有效控制工程原料在运输、使用过程中的不良危害，减少对环境的污染，从而维护人们的生活环境健康与安全，为整个人类社会的长远发展创造良好效益。在可持续发展理念下，土木工程建设往往能够减少对土地空间的利用，从而保护土地资源的可持续利用，创造良好的经济效益与社会效益。

(二) 土木工程的可持续发展能够提高土木工程质量

正因为在可持续理念的推动下，土木工程建设施工才能采用科学的施工技术、绿色施工工艺与新型的施工手段，在可持续发展理念带动下，设计人员的工程设计会朝着节能化、生态化、长远化的方向发展，使工程设计也具有可持续的意义，从而在科学设计理念

---

① 邱建慧. 土木工程建筑概论 [M]. 北京：国防工业出版社，2014.

② 王宪军，王亚波，徐永利. 土木工程与环境保护 [M]. 北京：九州出版社，2018.

指挥带动下，工程建设施工也朝着绿色生态方向发展，确保其施工同周围的环境相融合、相适应。例如：施工中采用更为环保的材料，引入更加生态节能的施工技术，等等。可持续设计理念不断优化，新型技术与材料的不断使用，能够全面提高土木工程质量，维护工程结构安全、性能稳定、使用安全。

（三）维护社会安定和谐

土木工程的可持续发展不仅能够为土木工程本身带来积极的效益，也能够带动整个社会的安定、和谐、健康发展。这是因为可持续发展理念下所建设的土木工程是绿色、环保、生态的工程项目，能够维持人们正常的生活秩序，为人们营造一个良好的生活环境，实现社会各项事业、各项经营活动的正常运转，更重要的是土木工程的可持续发展能够打造出高水平、高质量的环保工程项目，工程质量安全具有牢固的安全度与稳定性，能够延长工程的使用周期，发挥其应有的功能与作用，从而为人类营造良好的环境。

二、土木工程可持续发展的概念

人口、资源与环境是 21 世纪中国面临的主要问题。自从 1987 年世界环境与发展委员会提交的《我们共同的未来》的报告中明确提出可持续发展得到了国际社会的广泛共识后。"可持续发展"已经成为中国的重要发展战略之一。1992 年 6 月，联合国在巴西里约热内卢召开了举世瞩目的"世界环境与发展大会"，通过了《21 世纪议程》文件。可持续发展被提到十分重要的地位和高度。我国政府积极响应国际这一重大举措，制定了中国的 21 世纪议程。目前，可持续发展已经从理念上升到如何指导地方、区域乃至国家长期社会经济发展规划和环境保护决策的层次，同时面临许多需要研究的基本科学问题。

从广义上讲，可持续发展是指人类在社会经济发展和资源开发中，以确保满足目前的需要不破坏未来需求发展的能力。例如，它要求在开发过程中不破坏地球上基本的生命支撑系统，即空气、水、土资源和生态系统；发展要求经济上是可持续的，以期从地球自然资源中不断地获得食物和生态安全必要的条件保障；此外，可持续发展的社会系统需要有可持续生命支持系统的合理配置机制，共同享受人类发展与文明，减少贫富差距。

土木工程的可持续性（Sustainability）有以下几个概念：

第一，它是一种在环境和生态上自觉的绿色建筑（Green Architecture）——具有能源意识，能促进自然资源保护的建筑。

第二，它是一种具有自然环境、人工环境和社会环境整体概念的城市和社区设计——指在综合考虑资源和能源效率，能在建筑使用、材料选择、生态平衡、自然景色、社会发展问题上整体考虑，并能在改善生活质量、谋取经济福利的同时，大大减少对自然环境有害冲击的规划。

第三，应用高科技手段解决能源保护与环境问题——指适应高科技的发展从可再生的能源中获益，如利用风力、水力（潮汐）发电，贮存太阳能、地热能供热等。

第四，使土木工程设计中尽量少地使用可耗尽资源，尽量多地采用可更新资源，更有效地利用能源，更大循环地启用合成材料的工程——这是可持续发展的主要方向。

第五，另外，使现存的土木工程得到新生，如为新功能而改建，使老建筑物现代化，也是创造可持续性的另一类做法。

发展可持续的土木工程要做到建筑师、工程师、规划师、开发商、环境工作者、社会工作者、社区集体和市政机构的管理人员共同致力于建设可持续的建筑和其他土木工程项目，发展可持续的社区。同时还要大力纠正无节制的技术激增对环境和生态的负面后果。

绿色建筑意在把绿色生命赋予建筑。以生态系统的良性循环为基本原则。下列几种建筑在不同方面体现了绿色思想：

一是节能建筑。它的含义是有效地利用能源，并能用新型能源取代传统能源的建筑。如利用太阳能技术，提高围护结构的保温性能，使用双层、三层玻璃窗，采用有效的密封和通风技术，种植树木遮掩建筑物，降低空调要求，自然光和自然通风的利用，取暖炉和高效照明灯具等节能设备的使用，地壳深处地热的利用等，就是节能建筑的重要措施。香港汇丰银行大楼就是利用风道狭窄出现的持续强风来发电的。瑞典、加拿大、美国已修建了近万幢超级绝热房，节能效率比传统建筑提高了75%。

二是生态建筑。它是同周围环境协同发展、具有可持续性、利用可再生资源、减少不可再生资源消耗的建筑。通常将生态建筑分为两类：一类是利用高新技术精心设计以提高对能源和资源的利用效率，保持生态环境的建筑；另一类是利用较低技术含量的措施，侧重于传统地方技术的改进以达到保护原有生态环境的目标，我国的窑洞、夯土墙和土坯墙房屋就是低技术生态建筑的典型。这种以生土为原材料的生土建筑，可就地取材，造价低廉，易于制作，冬暖夏凉，是节能较理想的材料和维持生态平衡较好的建筑类型。

三是节地建筑。指最大限度地少占地表面积，并使绿化面积少损失或不损失的建筑。适度地建造高层建筑是节地的一个途径，开发地下空洞建造地下建筑是节地的另一途径。

三、土木工程可持续发展各阶段的措施

1987年世界环境及发展委员会为可持续发展给出的定义是：既满足当代人的需求，又不损害后代人满足其需求的发展。

可持续发展既要达到发展经济的目的，又要保护好人类赖以生存的大气、淡水、海洋、土地和森林等自然资源和环境，使子孙后代能够永续发展和安居乐业。

土木工程与生态平衡、环境保护、能源消耗、资源利用等方面有着密切关系，未来也必须采取可持续的发展战略。在建造和使用建筑时应在各个环节采取措施，实现对资源和环境的合理利用和保护。

（一）设计环节

设计方案对环境的关注程度直接影响到工程实体在各阶段对环境的影响。在工程经费许可的情况下，应尽量选择这样的设计方案——有可持续发展的场址、高效的能源与材料的利用率、节能高效的施工技术以及对周围环境与生态危害小等。

（二）施工与管理环节

土木工程施工的整个过程都涉及可持续发展，如对生态、人居、环境、资源和能源等的保护。

在建造和使用建筑物的过程中，应尽可能高效地利用建筑场地资源，节约材料，多利用风能、太阳能等自然能源，并且要开发利用再生资源和绿色资源，应用可促进生态系统良性循环，不污染环境，高效、节能、节水的建筑技术和建筑材料。同时还要保护环境，减少污染，对古建筑、植被和场地周边的重要设施设备等要制订明确的保护方案，并制定有关保护室内外空气、噪声污染的施工管理办法和执行方案。

（三）即将拆除结构的延续使用

土木工程结构在达到了设计正常使用年限之后将面临淘汰和拆除，在拆除过程中如果经过检查与测试，发现其主要结构完整、承载力达到要求，无其他严重危险情况，那么可以延续其使用期，然后对建筑物做一次全面的维修与支护。

（四）既有建筑的再利用

对既有建筑的再利用也是可持续发展的重要手段之一。这方面上海已经取得不少成功的经验：很多不用的厂房已经转变为展览厅、办公楼、艺术家工作室，如 M50 创意园等。这样的改造再利用，既符合现代使用的要求，又节约了能源，避免了浪费，不失为一种有效的办法。

四、土木工程与可持续发展的有机结合

（一）材料的使用

可持续发展要求在工程建设中使用产生污染较小的材料，并提高材料的利用效率，因

此，材料的合理使用将会对整个工程建设产生重要影响。

1. 绿色建材的使用

绿色建材是绿色建筑的基础，它是指"在当前的经济技术条件下，材料的开采、生产加工、使用和最终拆除四个环节中，复合评价指标不影响可持续发展的建筑材料"。所以，在绿色材料生产过程中，生产所用的原料尽可能少用天然资源，如大量使用废渣、垃圾等废弃物；采用低能耗的植草工艺和不污染环境的生产技术，如环保型贝利水泥，其烧成温度为 1200℃~1250℃，节能 25%，CO_2 排放量减少 25%以上；在产品配制和生产过程中，不得使用甲醇、卤化物溶剂等碳氢化合物，不得加入汞、铬等有害元素和添加剂。同时做到产品可循环或回收利用，不产生二次污染。

绿色建材的研究与发展已受到很大的重视，只有加强对绿色建材的使用和推广，才可减少土木工程所带来的环境负荷。

2. 废料的再生利用

混凝土材料的遗撒，建筑物的拆除都会产生大量的废渣、碎渣，因而应对其进行合理的回收利用。例如粉煤灰、矿渣、炉渣、石碴经过一定的工艺处理以后，这些废料都可以用作填料、筑路或重新制砖；利用建筑废料及工农业生产中的废弃物作为混凝土结构和构件的替代品。这样不仅是对资源和能源的节约，还有着保护环境、维持生态的深远意义。

（二）空间利用率的提高

由于土地资源的紧缺，势必要当代人在有限的土地资源上建造出符合需要的建筑，这就要求我们提高土地的使用率，同时采取新型的建筑手段，缓解土地压力。

1. 城市地下空间的开发与利用

随着地下停车场、地下室、地下交通的出现，地下空间的使用有逐步扩大趋势，而它有改善城市拥挤、节能和减少噪声的优点。所以城市地下空间的开发是实现土木工程可持续发展的重要手段。

2. 向海洋拓宽

可以在海洋上建造人工岛和海上城市，例如日本漂浮机场的使用。虽然向海洋拓展需要很大的费用，可是从长远的角度看其投入会带来吸引人的效益。建立海上机场、海上垃圾场、港口等都极大地减少了城市的拥挤和土地压力。

（三）能源的使用

经济的高速发展必然带来能源需求量的增加。前能源的储量满足不了需要，同时能源供应不足与能量浪费并重，工业能耗高，为能源的使用带来了更大压力。因此，土木工程需要注意能源的节约和新能源的开发和使用，而这也是实现可持续发展最有效的手段。

1. 能源的节约

在节约能源方面最重要的是水资源、电能的节约。节约水资源可以通过监测水资源的使用和安装小流量的设备和器具来实现。在可能的场所利用废水或循环利用生产用水等措施，来减少施工期间的用水量，降低用水费用；可以通过监测利用率，安装节能灯具和设备，合理安排施工时间来减少电能的使用，通过声光传感器控制照明灯具。同时也应该采用科学技术提高石油、煤的使用效率，以减少不可再生资源的消耗。

2. 使用新能源

可以加大对新能源的寻求和开发，如使用风能、太阳能、地热能、潮汐能。新能源不仅带来的污染较小，而且作为相当长时间内不会枯竭的能源，在使用方面不会受到太大限制。

五、土木工程可持续发展的构思

（一）加强宣传力度，促进可持续发展理念在土木工程中真正落实

现阶段人们关于绿色建筑还缺乏足够重视，在土木工程建设过程中往往不重视可持续发展理念的落实，而绿色建筑意识的落实有赖于人们生态环保意识的进一步强化。可在社会基础教育中强化公众绿色环保理念，在继续教育中促进施工涉及的各方人员对绿色施工有全面而准确的了解，对绿色施工重要性加强认识。同时，要对建筑工人加强教育，使建筑行业职工整体素质得以提升，促使可持续发展理念在土木工程中全面而真正地落实。

（二）加强相关法律制度保障与行业规范建设

绿色建筑和相关技术的应用离不开系统而健全的法规建设与制度保障。现阶段，我国土木工程建设行业从业人员还未达到可持续发展的理性自觉，必须通过政府部门的引导与法律强制作用对土木工程行业加以约束，通过制定前瞻性较强的法规体系及市场规则，形成强大推动作用。同时，还应在土木工程建设行业中建立起绿色施工的相关规范，以法律条文与行业规范对建设施工过程形成有力指导与约束，促进整个行业落实可持续发展理念。

（三）加大土木工程建筑技术研发，对高新技术进行合理利用

在土木工程建设中，通过绿色建筑的节能减排实现可持续发展，离不开对原有建设技术进行改进，对高新技术加以研发与利用。土木工程建设技术的进步可促使建筑能耗有效

降低。在高新技术研发中，应明确研发方向，实现新技术对能源消耗的最大限度节约，促进能源利用效率的提高，使不可再生能源得到最充分的利用。同时，应对可再生能源应用技术加大开发力度，即可实现隔声、防潮、隔热及保温的效果，降低建筑中应用设备造成的能源消耗。

（四）对自然资源进行有效利用，实现节能目的

在土木工程建设中对自然资源加以合理利用，则需要在土木工程整个建设过程以及使用与维护中，由土木工程师发挥能动作用，主动实现节能节地，使原有土木工程设施作用得到最大限度地发挥。如在某市一住宅小区建设中，工程师对小区绿化加以充分利用，使之在夏季时可将砖墙的表面温度有效降低，从而降低夏季时空调使用量。同时，在小区内建筑群中，墙体材料采用具有节能保温功能的多孔砖，在冬季时可以实现保温隔热效果，从而有效地节约了建筑群对能源的消耗。另外还可对地下热能、太阳能等新能源加强利用，降低不可再生资源的使用量。

除此之外，还应对原有建筑加强再利用，以便实现土木工程可持续发展。如某市将废弃厂房进行改装，使之成为办公楼、展览厅或艺术家的工作室，通过改造、再利用的形式，不仅可以满足建筑物使用功能的相应要求，同时又可对能源进一步节约，是土木工程可持续发展的有效措施。

（五）加强土木工程管理

为保证土木工程可持续发展，只靠观念与技术上的转变还远远不够，还必须在土木工程建设企业中加强管理，对各种技术与资源进行有效组合，建立并健全节约建设奖励机制，对员工参与建筑创新加以鼓励，建立土木工程施工的制约制度并对施工制度加以强化，加强技术支持，对施工计划进行完善，对各项施工标准加以落实，真正推动土木工程建设的可持续发展。

第五章 建筑结构设计原理与钢结构的连接

为了成功地想象和设计一个建筑或建筑物中的结构，必须首先弄清楚其功能和其得以存在的原因。在这两个问题上，结构和建筑的作用是分不开的。结构永远是建筑物的基本部分。无论古代人为自己或家庭建造简单的掩蔽物，还是现代人建造的，可以容纳成百上千人在那里生产、贸易、娱乐的大空间，都必须用一定的材料，建造成具有足够抵抗能力的空间骨架，抵御自然界可能发生的各种作用力，为人类需要服务。这种骨架就是建筑结构，简称为结构。

第一节　建筑结构的组成与分类

一、建筑结构的概念

建筑结构是指一个能够维持建筑物形状，支承和传递建筑物在使用和施工过程中的荷载及其他作用的体系。建筑结构的基本组成部分称为结构构件，建筑结构是由构件组成的体系。

结构构件按所处位置不同可以分为：水平构件（如常见的水平梁、板）、竖向构件（如常见的墙，柱）、斜向构件（如斜撑，斜杆等）。除此之外，还有一些特殊的构件，如大跨度结构中的悬索、薄膜等。

建筑结构是建筑物的骨架，其传力路线应清晰、明确，力求使传递途径简单。一般建筑物的传力途径为：荷载→水平构件（梁、板）→竖向构件（墙、柱）或斜向构件（斜杆）→基础（单个构件或结构体系）→地基。

建筑结构事关工程项目的安全性，是工程实体赖以存在的物质基础，在建筑物的总体投资中占有非常大的比重。因此，建筑结构必须满足其必需的基本性能——平衡、稳定、适用、经济，并进一步达到美观的要求。[1]

在土建工程中，结构主要有以下四个方面的作用：

一是形成人类活动的空间。这个作用可以由板（平板、曲面板）、梁（直梁、曲梁）、板架、网架等水平方向的结构构件，以及柱、墙、框架等竖直方向的结构构件组成的建筑结构来实现。

二是为人群和车辆提供通道。这个作用可用以上构件组成的桥梁结构来实现。

三是抵御自然界水、土、岩石等侧向压力的作用。这个作用可用水坝、护堤、挡土墙、隧道等水工结构和土工结构来实现。

四是构成为其他专门用途服务的空间。这个作用可以用排除废气的烟囱、储存液体的油罐以及水池等特殊结构来实现。

二、建筑结构的组成

建筑结构是由若干个单元，按照一定的组成规则，通过正确的连接方法所组成的能够承受并传递荷载和其他间接作用的骨架，而这些单元就是建筑结构的基本构件。

建筑结构由水平构件、竖向构件和基础组成。水平构件包括梁、板等，用以承受竖向荷载；竖向构件包括柱、墙等，其作用是支撑水平构件或承受水平荷载；基础的作用是将建筑物承受的荷载传递给地基。

一是板。板承受施加在楼板的板面上并与板面垂直的重力荷载（含楼板、地面层、顶棚层的永久荷载和楼面上人群、家具、设备等可变荷载）。板的作用效应主要是受弯。如楼板、楼梯板、阳台板等均属于板。

二是梁。梁承受板传来的荷载以及梁的自重。梁的截面宽度和高度尺寸远小于其长度尺寸。梁所承受荷载的作用方向与梁轴线垂直，其作用效应主要是受弯和受剪。如大梁、楼梯梁、悬臂梁均属于梁。

三是墙。墙支撑水平承重构件，承受水平荷载及墙的自重。墙的长度、宽度尺寸远大于其厚度，但荷载主要作用方向却与墙面平行，当荷载作用在墙的截面形心轴线上时，墙表现为压缩；当荷载作用在偏离形心轴线时，墙还可能出现弯曲。

四是柱。柱承受梁、板传来的竖向荷载及自身的重量。柱的截面尺寸远小于其高度，荷载作用方向与柱轴线平行。当荷载作用于柱截面形心时为轴心受压；当荷载作用在偏离截面形心时为偏心受压。

五是基础。基础是埋在地面以下的建筑物底部的承重构件，承受墙、柱传来的荷载并

---

[1]　朱浪涛. 建筑结构［M］. 重庆：重庆大学出版社，2020.

将其扩散到地基上。

三、建筑结构的分类

根据建筑结构采用的材料，建筑结构的受力特点以及层数等几个方面，对建筑结构进行分类。

（一）按建筑结构采用的材料分类

1. 混凝土结构

混凝土结构是指以混凝土为主制成的结构，包括素混凝土结构、钢筋混凝土结构和预应力混凝土结构等。素混凝土结构是指无筋或不配置受力钢筋的混凝土结构，其抗拉性能很差，主要用于受压为主的结构，如基础垫层等。钢筋混凝土结构则是由钢筋和混凝土这两种材料组成共同受力的结构，这种结构能很好地发挥混凝土和钢筋这两种材料不同的力学性能，整体受力性能好，是目前应用最广泛的结构。预应力混凝土结构是指配有预应力钢筋，通过张拉或其他方法在结构中建立预应力的混凝土结构，预应力混凝土结构很好地解决了钢筋混凝土结构抗裂性差的缺点。

2. 砌体（包括砖、砌块、石等）结构

砌体结构是指由块材（砖、石或砌块）和砂浆砌筑而成的墙、柱作为建筑物的主要受力构件的结构。按所用块材的不同，可将砌体分为砖砌体、石砌体和砌块砌体三类。砌体结构具有悠久的历史，至今仍是应用极为广泛的结构形式。

3. 钢结构

钢结构是以钢板和型钢等钢材通过焊接、铆接或螺栓连接等方法构筑成的工程结构。

钢结构的强度大，韧性和塑性好，质量稳定，材质均匀，接近各向同性，理论计算的结果与实际材料的工作状况比较一致，有很好的抗震、抗冲击能力。钢结构工作可靠，常常用来制作大跨度、重承载的结构及超高层结构。

4. 木结构

以木材为主要材料所形成的结构体系，一般都是由线形单跨的木杆件组成。木材是一种密度小、强度高、弹性好、色调丰富、纹理美观、容易加工和可再生的建筑材料。在受力性能方面，木材能有效地抗压、抗弯和抗拉，特别是抗压和抗弯具有很好的塑性，所以在建筑结构中得到广泛使用且经千年而不衰。

5. 钢-混凝土组合结构

钢-混凝土组合结构（简称组合结构）是将钢结构和钢筋混凝土结构有机组合而形成的一种新型结构，它能充分利用钢材受拉和混凝土受压性能好的特点，建筑工程中常用的组合结构有：压型钢板-混凝土组合楼盖、钢与混凝土组合梁、型钢混凝土、钢管混凝土等类型，组合结构在高层和超高层建筑及桥梁工程中得到广泛应用。

6. 木混合结构

木混合结构指的是将不同材料通过不同结构布置方式与木材混合而成的结构。木混合结构可以将两种不同类型的结构混合起来，充分发挥各自的结构和材料优势，同时改善单一材料结构的性能缺陷。就材料而言，目前较为常见的木混合结构有木-混凝土混合结构和钢木混合结构。

其他还有塑料结构、薄膜充气结构等。

（二）按建筑物的层数、高度和跨度分类

1. 单层建筑结构

单层工业厂房、食堂、仓库等。

2. 多层建筑结构

多层建筑结构一般指层数在 2~9 层的建筑物。

3. 高层建筑结构与超高层建筑结构

从结构设计的角度，我国《高层建筑混凝土结构技术规程》（JGJ 3-2010）规定：10 层及 10 层以上或房屋高度大于 28 m 的住宅建筑，和房屋高度大于 24m 的其他民用建筑为高层建筑。一般将 40 层及以上或高度超过 100m 的建筑称为超高层建筑。

从建筑设计的角度，我国《建筑设计防火规范》（GB 50016-2014）（2018 年版）规定：建筑高度大于 27m 的住宅建筑和建筑高度大于 24m 的非单层厂房、仓库和其他民用建筑为高层建筑。

4. 大跨建筑结构

一般指跨度在 40~50m 以上的建筑。

（三）按建筑结构的结构形式、受力特点划分

建筑结构的结构体系主要有以下几种：

1. 砌体承重墙结构体系。

2. 排架结构体系。

3. 中大跨结构体系，主要有：单层钢架结构体系、桁架结构体系、网架结构体系、拱结构体系、壳体结构体系、索结构体系、膜结构体系等。

4. 高层建筑结构体系，主要有：框架结构体系、剪力墙结构体系、框架-剪力墙结构体系，筒体结构体系等。

5. 超高层建筑结构体系，主要有：巨型框架结构体系、巨型桁架结构体系、巨型支撑结构体系等。

四、建筑结构的历史和发展趋势

建筑结构有着悠久的历史。我国黄河流域的仰韶文化遗址就发现了公元前 5000 年至公元前 3000 年的房屋结构痕迹。金字塔（建于公元前 2700 年至公元前 2600 年）、万里长城都是结构发展史上的辉煌之作。17 世纪工业革命后，资本主义国家工业化的发展推动了建筑结构的发展。17 世纪开始使用生铁，19 世纪初开始使用熟铁建造桥梁和房屋。自 19 世纪中叶开始，钢结构得到了蓬勃发展。1824 年水泥的发明使混凝土得以问世，20 多年后出现了钢筋混凝土结构。1928 年预应力混凝土结构的出现使混凝土结构的应用范围更为广泛。目前世界上最高的建筑为迪拜哈利法塔，162 层，总高度 828m，2010 年 1 月完工。

我国建筑结构领域也取得了辉煌成就。1998 年建成的矗立在我国上海浦东陆家嘴的金茂大厦高 420.5m，地上 88 层，地下 3 层；2008 年建成的上海环球金融中心，高 492m，共 101 层；2016 年建成的上海中心大厦，建筑主体 118 层，总高度 632m。

建筑结构的发展趋势主要表现在以下几个方面：

1. 材料方面

混凝土将向轻质高强方向发展。目前我国规范已采用 C80 混凝土，估计不久混凝土强度将普遍达到 $100N/mm^2$，特殊工程可达 $400N/mm^2$。

高强钢筋发展较快。目前我国规范采用的强度达 $500N/mm^2$ 的高强钢筋已开始应用，今后将会出现强度超过 $1000N/mm^2$ 的钢筋。

砌体结构材料的发展方向也是轻质高强。途径之一是发展空心砖。国外空心砖的抗压强度普遍可达 $30\sim60\ N/mm^3$，甚至高达 $100\ N/mm^3$ 以上，孔洞率达 40% 以上。另一途径是在黏土内掺入可燃性植物纤维或塑料珠，煅烧后形成气泡空心砖，它不仅自重轻，而且隔声、隔热性能好。砌体结构材料另一个发展趋势是采用高强砂浆。

钢结构材料主要是向高效能方向发展。除提高材料强度外，还应大力发展型钢。如 H 型钢可直接做梁和柱，采用高强螺栓连接，施工非常方便。

压型钢板也是一种新产品，它能直接做屋盖，也可在上面浇一层混凝土做楼盖。做楼盖时，压型钢板既是楼板的抗拉钢筋，又是模板。

2. 结构方面

空间钢网架、悬索结构、薄壳结构成为大跨度结构发展的方向。空间钢网架最大跨度已超过 100m。

组合结构也是结构发展的方向。目前型钢混凝土、钢管混凝土、压型钢板叠合梁等组合结构已广泛应用，在超高层建筑结构中还采用钢框架与内核芯筒共同受力的组合体系，能充分利用材料优势。

3. 施工技术方面

预应力混凝土楼盖和预应力混凝土框架结构有较快发展。在高层建筑中，大模板、滑模等施工方法得到广泛推广和应用。

装配式结构是发展方向。装配式结构是指在工厂生产各种部品部件，在施工现场通过组装和连接而成的结构。发展装配式结构是建造方式的重大变革，有利于节约资源能源，减少施工污染，提升劳动生产效率和质量安全水平。我国将积极推动装配式混凝土结构、钢结构和现代木结构等装配式结构发展，引导新建公共建筑优先采用钢结构，鼓励景区、农村建筑推广采用现代木结构，并计划用 10 年左右的时间，使装配式建筑占新建建筑面积的比例达到 30% 左右。

五、建筑结构的作用

使结构产生内力或变形的原因称为"作用"，分为间接作用和直接作用两种。间接作用不仅与外界因素有关，还与结构本身的特性有关，如地震作用、温度变化、材料的收缩和徐变、地基不均匀沉降及焊接应力等。直接作用一般直接以力的形式作用于结构，如结构构件的自重、楼面上的人群和各种物品的重量、设备重量、风压及雪压等，习惯上称为荷载，我国现行《建筑结构荷载规范》（GB 50009—2012）规定，结构上的荷载可根据其时间上和空间上的变异性分为三类：永久荷载、可变荷载和偶然荷载。

永久荷载，也称恒载：在结构设计使用期间，其值不随时间而变化，或其变化与平均值相比可以忽略不计，或其变化是单调的并能趋于限值的荷载。如结构自重、外加永久性的承重、非承重结构构件和建筑装饰构件的重量、土压力、预应力等。因为恒载在整个使用期内总是持续地施加在结构上，所以设计结构时，必须考虑它的长期效应。结构自重，一般根据结构的几何尺寸和材料容重的标准值（也称名义值）确定。

可变荷载，也称活荷载：在结构设计基准期内，其值随时间变化，且变化值和平均值相比不可忽略的荷载。如工业建筑楼面活荷载、民用建筑楼面活荷载、屋面活荷载、屋面积灰荷载、车辆荷载、吊车荷载、风荷载、雪荷载、裹冰荷载、波浪荷载等。

偶然荷载：在结构设计基准期内不一定出现，一旦出现，其量值很大且作用时间很短。如罕遇的地震作用、爆炸、撞击等。

一般民用建筑结构最常见的作用包括：构件和设备产生的重力荷载、楼面可变荷载（屋面还包括积灰荷载和雪荷载）、风荷载和地震作用。其中：重力荷载和楼面使用荷载都是竖向荷载，前者属于永久荷载，后者属于可变荷载；风荷载和地震作用一般仅考虑水平方向，前者属于可变荷载，后者属于间接作用。在设有吊车的厂房中，还有吊车荷载。吊车荷载属于可变荷载，包括吊车竖向荷载和吊车水平荷载。在地下建筑中还涉及土压力和水压力；在储水、料仓等构筑物中则分别有水的侧压力和物料侧压力。

土压力、物料侧压力按永久荷载考虑；水位不变的水压力按永久荷载考虑；水位变化的水压力按可变荷载考虑。温度变化也会在结构中产生内力和变形。一般建筑物受温度变化的影响主要有 3 种：室内外温差、日照温差和季节温差。目前，建筑物在温度作用下的结构分析方法还不完善，对于单层和多层建筑，一般采用构造措施，如屋面隔热层、设置伸缩缝、增加构造钢筋等，而在结构计算中不考虑温度的作用。但是，对于 30 层以上或高度超过 100m 以上的建筑，其竖向温度效应不可忽略。

结构上的作用，若在时间上或空间上可作为相互独立时，则每一种作用均可按对结构单独作用考虑；当某些作用密切相关，且经常以最大值出现时，可以将这些作用按一种作用考虑。直接作用或间接作用在结构内产生的内力（如轴力、弯矩、剪力和扭矩）和变形（如挠度、转角和裂缝等）称为作用效应；仅由荷载产生的效应称为荷载效应。荷载与荷载效应之间通常按某种关系相互联系。

第二节　建筑结构的抗震设计

一、抗震设计的基本概念和方法

（一）抗震设计的基本概念

根据《抗震规范》的规定，建筑结构抗震概念是根据地震灾害和工程实践经验形成的基本设计原则和设计思想，形成建筑和结构总体布局并确定结构细部构造的全过程。

构件布置的规则性，应按抗震设计的明确要求，确定建筑规则性的形体。不规则的建筑形体应按规定加强结构措施；对特别不规则的建筑形体应进行专门研究和专家论证，采用特殊的加强结构措施；对严重不规则的建筑应加强修改或否定。

建筑形体变化包括建筑平面、立面和竖向剖面的变化。平面不规则的主要类型包括：扭转不规则 [在规定的水平力作用下，楼层的最大弹性水平位移（层间位移）大于该楼层两端弹性水平位移（或层间位移）平均值的 1.2 倍]；凹凸不规则（指平面凹进的尺寸，大于相应投影方向总尺寸的 30%）；楼板局部不规则（指楼板尺寸和平面刚度急剧变化，如有效楼板宽度小于该层楼板宽度的 50%，或开洞面积大于该楼层楼面面积的 30%，或较大的楼层错层）。

竖向不规则的主要类型是侧向刚度不规则（该层的侧向刚度小于相邻上一层的70%，或者小于其上相邻三个楼层侧向刚度平均值的80%，局部收进的水平向尺寸大于相邻下一层的25%）；竖向抗侧力构件不连续［指柱、抗震墙、抗震支撑的内力由水平转换构件（梁，壁架等）向下传递］；楼层承载力突变（抗侧力结构的层间受剪承载力小于相邻上一层的80%）。

特别不规则的建筑体形指：①扭转偏大（裙房以上有较多楼层，考虑偶然偏心的扭转位移比大于1.4）；②抗扭刚度弱（扭转周期比大于0.9，混合结构扭转周期比大于0.85）；③楼层刚度偏小（本层侧向刚度小于相邻上层的50%）；④高位转换（框支墙体的转换位置：7度超过5层，8度超过3层）；⑤厚板转换（7~9度设防的厚板转换结构）；⑥塔楼偏置（单塔或多塔的合质心与大底盘的质心偏心距大于底盘相应边长的20%）；⑦复杂连接（各部分楼层数，刚度、布置不同的错层或连体两端塔楼显著不规则的结构）；⑧多重复杂结构（同时具有转换层、加强层、错层连体和多塔类型中的两种以上的结构）。

（二）抗震设计的方法

我国普通建筑物在进行抗震设计时，原则上应满足三水准的基本设防目标。在具体的做法上还采用下面两阶段的设计方法：

第一阶段设计：按照多遇地震烈度对应的地震作用效应和其他荷载效应的组合验算结构的承载力和结构的弹性变形。

第二阶段设计：按照罕遇地震烈度对应的地震作用效应验算结构的弹塑性变形。

第一阶段的设计是为了保证第一水准的承载力和变形的要求。第二阶段的设计，则主要是保证结构满足第三水准的抗震设防目标。而第二水准的抗震设防目标是借助良好的抗震构造措施来实现。[①]

二、建筑抗震设计特点和设计内容及要求

（一）建筑抗震设计特点

从地震动特性、建筑震害特点、建筑抗震设防策略、建筑抗震设防目标及其实现的途径等角度发现建筑抗震设计具有以下特点：

---

① 张银会，黎洪光. 建筑结构［M］. 重庆：重庆大学出版社，2015.

1. 建筑抗震设计应考虑地震动的不确定性

建筑抗震设计中存在地震动输入、结构分析模型、结构破坏模式等的不确定性，其中地震动输入是最大的不确定性。我们不可能提前预知建筑在未来的使用期间的实际地震动。在建筑抗震设计中应充分认识到，根据目前所采用的确定性方法所计算出的结构地震反应实质上只是一种概率平均意义上的预期结果，在实际地震中结构的真实反应可能与预期存在差别。因而不能只是依赖于抗震计算，还应从抗震概念和措施上来完善抗震设计。

2. 建筑抗震设计应考虑结构反应的动力特征

地震引起的地震动具有动态特性，建筑结构地震反应问题属于动力学范畴，因此不能直接采用基于静力的设计理论和设计方法。如在框架结构的梁内随意增加配筋就可能导致产生预期之外的破坏模式。在建筑抗震设计中应考虑结构的动力特征，如建筑结构的周期应尽可能地错开地震动的卓越周期，以避免结构产生动力共振破坏。

3. 建筑抗震设计应考虑结构的弹塑性行为

现行的建筑抗震设计思想是允许结构在设防烈度及罕遇地震影响下出现损伤和破坏，这时建筑结构不再是弹性状态而是弹塑性状态。建筑抗震计算时应采取合理的弹塑性分析模型和弹塑性分析方法来描述，估计结构的非线性行为，建筑抗震设计时应考虑结构的弹塑性特征。这是抗震设计的一个难点。

4. 建筑抗震设计应控制结构的强度、刚度和延性，地震作用下的建筑结构要求具有足够的承载能力，抗侧向变形能力，还要有一定的耗能能力。因此，建筑抗震设计需要控制结构的强度、刚度和延性。在一定程度上，结构的地震作用是由设计者所决定的，设计者设定了结构的强度屈服水平也就决定了地震作用的大小；而刚度的大小不仅会影响结构所受地震作用的大小，更关系到结构的变形能力和破坏状态；延性则是结构自屈服到极限状态的变形和耗能能力的体现。建筑抗震设计需要均衡结构的强度和刚度并利用延性来达到预期的设防目标。

5. 建筑抗震设计应引导建筑物实现预期的破坏模式

地震作用下建筑结构是允许发生破坏的，但要求这种破坏是可控的，希望结构的破坏以预期的部位、顺序和程度发生，即预期的破坏模式。例如大震下钢筋混凝土框架结构的预期破坏模式是"构件弯曲破坏先于剪切破坏，梁的破坏先于柱的破坏、节点少破坏"，设计时采用"强剪弱弯，强柱弱梁，强节点"的思想来实现。预期的破坏模式使结构在大震下具有良好的延性和耗能性，并能承受由于地震动的不确定性而引起的延性变形需求的变化，一定程度上消除结构反应对随机地震动的敏感性。

建筑抗震设计的这些特点，增加了设计难度，但同时也赋予设计者更大的主观能动性。

（二）建筑抗震设计内容及要求

建筑抗震设计的目的是实现预期的建筑抗震设防目标。设计者希望通过定量计算来实现建筑抗震设计，但是由于建筑抗震设计中地震动、结构模型和分析方法等的不确定性，地震时造成的破坏程度很难准确预测，建筑抗震设计仅仅依靠计算是不够的。还需要根据地震震害和工程经验等所形成的基本设计原则和设计思想，进行建筑和结构的总体布置和确定细部构造，我们将这个过程称为建筑抗震概念设计。经过抗震概念设计后形成抗震措施，包括建筑和结构的总体布置，抗震计算的内力调整措施、抗震构造措施等。抗震措施是除地震作用计算和抗力计算以外的抗震设计内容，包括抗震构造措施。抗震构造措施是根据抗震概念设计的原则，一般无须计算，而对结构和非结构各部分必须采取的各种细部要求。

因此，建筑抗震设计包括概念设计和抗震计算两个方面。抗震计算为设计提供了定量手段，概念设计不仅在总体上把握抗震设计的基本原则，由概念设计所形成的抗震构造措施，还可以在保证结构整体性、加强局部薄弱环节等方面来保证抗震计算结果的有效性。合理的抗震结构源自正确的概念设计。没有正确的概念设计，再精确的计算分析都可能于事无补。

抗震规范提出了一系列的抗震设计基本要求，其目的是要求设计人员注意抗震概念设计。全面、合理的概念设计有助于掌握明确的设计思想，灵活、恰当地运用抗震设计原则，使设计人员不致陷入盲目的计算工作，从而做到比较合理的抗震设计。下面介绍抗震设计基本要求的主要内容。

1. 选择对抗震有利的建筑场地、地基

选择建筑场地时，应根据工程需要，掌握地震活动情况和工程地质的有关资料，做出综合评价。宜选择对建筑抗震有利的地段；避开对建筑不利的地段，当无法避开时，应采取适当的抗震措施；不应在危险地段建造甲、乙、丙类建筑物。

地基和基础设计宜符合下列要求：同一结构单元不宜设置在性质截然不同的地基土上；同一结构单元不宜部分采用天然地基，而部分采用桩基；地基有软弱黏性土、液化土、新近填土或严重不均匀土层时，宜加强基础的整体性和刚性。

当建筑场地为Ⅰ类场地时，除丁类建筑外，可按原烈度降低一度采取抗震构造措施，地震作用仍按原烈度计算，但6度时构造措施不应降低。

2. 选择有利于抗震的建筑平面和立面布置

（1）建筑的体形要简单，平立面布置宜规则

体形简单和规则的建筑，受力性能明确，设计时容易分析结构在地震作用下的实际反

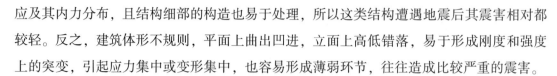

应及其内力分布，且结构细部的构造也易于处理，所以这类结构遭遇地震后其震害相对都较轻。反之，建筑体形不规则，平面上曲出凹进，立面上高低错落，易于形成刚度和强度上的突变，引起应力集中或变形集中，也容易形成薄弱环节，往往造成比较严重的震害。

（2）建筑的平、立面刚度和质量分布力求对称

建筑的刚度和质量分布不对称，即使在地面平动分量作用下也会发生扭转振动，从而造成比较严重的震害。所以、整个建筑或其独立单元应力求刚度、质量的对称，使其质心与刚心重合或偏心很小。

（3）建筑的质量和刚度变化要均匀

建筑的质量和刚度沿竖向分布往往是不均匀的，例如，由于建筑的竖向收进，地震时收进处上、下部分振动特性不同，易于在收进处的横隔层（楼板）产生应力突变，使竖向收进的凹角处产生应力集中；又如，由于在建筑中底层需要开敞或在任意层需要大空间，将使结构上下不连续，产生竖向刚度突变，在柔性层中产生严重的应力集中和变形集中，从而导致严重的震害；再如，在建筑物底层设置上下不连续的抗震墙（如底层框支抗震墙），使建筑物沿竖向的不均匀性；框架的填充墙在层高范围内未连续设置或存在楼层的错层，使框架形成短柱，也易于造成震害。设计时对上述质量和刚度沿竖向分布不连续的情况应加以限制，采取必要的构造措施。

（4）必要时设置防震缝

防震缝的设置，应根据建筑类型、结构体系和建筑体形等具体情况区别对待，不提倡一切都设，也不主张都不设。抗震规范的原则是，建筑防震缝的设置，可按结构的实际需要考虑。造型复杂的建筑，不设防震缝时，应选择符合实际的结构计算模型，进行精细的抗震分析，估计其局部应力和变形集中及扭转影响，判别其易损部位，采取措施提高抗震能力。当设置防震缝时，应将建筑分成规则的结构单元。防震缝应根据烈度、场地类别、房屋类型等留有足够的宽度，其两侧的上部结构应完全分开。防震缝应同伸缩缝、沉降缝协调布置，使伸缩缝、沉降缝符合防震缝的要求。

3. 选择合理的抗震结构体系

抗震结构体系的选择，一方面应根据建筑的重要性、设防烈度、房屋高度、场地、地基、材料和施工等因素，结合技术、经济条件综合考虑。抗震结构体系除应具有明确的计算简图和合理的地震作用的传递途径之外，还应符合下列各项要求：

（1）宜有多道抗震防线

这样可避免因部分结构或构件破坏而导致整个体系丧失抗震能力或对重力的承载能力。一个抗震结构体系应由若干个延性较好的分体系组成，并由延性较好的结构构件连接起来协同工作。一般情况下，应优先选择不负担重力荷载的竖向支撑或填充墙，或选用轴

压比不太大、延性较好的抗震墙等构件，作为第一道抗震防线的抗侧力构件。框架-抗震墙结构体系中的抗震墙，处于第一道防线，当抗震墙在一定强度的地震作用下遭受可允许的损坏，刚度降低而部分退出工作并吸收相当的地震能量后，框架部分起到第二道防线的作用。这种体系的设计既考虑到抗震墙承受大部分的地震力，又考虑到抗震墙刚度降低后框架能承担一定的抗侧力作用。对于强柱弱梁型的延性框架，在地震作用下，梁处于第一道防线，其屈服先于柱的屈服，首先用梁的变形去消耗输入的地震能量，使柱处于第二道防线。为使抗震结构成为具有多道抗震防线的体系，也可在结构的特定部位设置专门的耗能元件。近年来，国内外研究利用摩擦耗能或利用材料塑性耗能的元件，预期结构遭受罕遇强烈地震作用时，相当一部分的地震能量消耗于这种耗能元件，以减少输入主体结构的地震能量，达到减轻主体结构破坏的目的。

（2）应具备必要的强度，良好的变形能力和耗能能力

如果抗震结构体系有较高的抗侧力强度，但缺乏足够的延性，则这样的结构在地震时很容易被破坏（如无筋砌体）；但如结构有较大的延性，而抗侧力强度不高，在不大的地震作用下结构产生较大的变形（如纯框架结构）。如果砌体结构加上周边约束构件，使其具有较好的变形能力。如果框架中设置抗震墙使其抗侧力强度增加，则上述两种结构的抗震潜力都增大了。

（3）宜具有合理的刚度和强度分布

避免因局部削弱或突变形成薄弱部位，产生过大的应力或塑性变形集中，对可能出现的薄弱部位，应采取措施提高抗震能力。结构在强烈地震下不存在强度安全储备，构件的实际强度分布是判断薄弱层（部位）的基础。除了前述竖向刚度突变造成薄弱层塑性变形集中之外，竖向分布中层屈服承载力系数（按各层实际配筋和材料标准强度所求得的层受剪承载力与该层罕遇地震作用下弹性地震剪力之比）为最小的层间也是结构抗震的薄弱层间，在地震作用下首先屈服而出现较大塑性变形集中导致震害。鉴于目前通过理论分析确切地探明结构体系的薄弱部位还有很多困难，因此，抗震规范从搞好抗震概念设计方面提出了相应要求。

在抗震结构体系中，应使其结构构件和连接部位具有较好的延性，以提高抗震结构的整体变形能力。具体要求如下：

一是提高抗震结构构件的延性

改善其变形能力，力求避免脆性破坏，为此，砌体结构应按规定设置钢筋混凝土圈梁和构造柱、芯柱，或采用配筋砌体和组合砌体柱等；钢筋混凝土构件应合理地选择尺寸、配置纵向钢筋和箍筋，避免剪切破坏先于弯曲破坏，避免混凝土的受压破坏先于钢筋的屈服，避免钢筋锚固失效先于构件破坏；钢结构构件应合理控制尺寸，防止局部或整个构件

失稳。

二是保证抗震结构构件之间的连接具有较好的延性

这是充分发挥各个构件的强度、变形能力，从而获得整个结构良好抗震能力的重要前提。为了保证连接的可靠性，构件节点的强度不应低于其连接构件的强度；预埋件的锚固强度不应低于其连接构件的强度；装配式结构构件之间应采取保证结构整体性的连接措施。

4. 处理好非结构构件

非结构构件在抗震设计时往往未给予充分注意，处理不当时，容易造成地震时倒塌伤人，砸坏重要设备，甚至造成主体结构倒塌。非结构构件可分为下列三种类型：

（1）对于女儿墙、厂房高低跨封墙、雨篷、挑檐等附属构件，应与主体结构有可靠的连接和锚固，以避免地震时倒塌伤人，产生附加灾害，特别是人流出入口、通道、重要设备附近等处，应注意加强抗震措施。

（2）由于围护墙、内隔墙和框架填充墙等非承重墙体的存在，改变主体结构的动力性质（减少自振周期，增大地震作用），改变主体结构侧向刚度的分布，从而改变地震作用在各抗侧力构件之间的分配。带填充墙的框架会吸收更多的地震作用和消耗地震能量。而不带填充墙的框架所受到的地震作用比带填充墙的减小，减轻主体结构的震害。设填充墙时须采取措施以防止填充墙平面外的倒塌，并防止填充墙使框架发生剪切破坏；当填充墙处理不当而形成短柱时，将会造成较重的震害。对上述非承重墙体对结构抗震的不利或有利影响应予考虑，避免不合理的设置导致主体结构的破坏。

（3）装饰贴面与主体结构应有可靠连接，以避免吊顶塌落伤人；同时应避免贴镶或悬吊较重的装饰物。如果不可避免的话，应有可靠的防护措施。

5. 合理选用材料，保证施工质量

为使结构具有预想的抗震能力，在材料的选用和施工质量方面均有其具体要求，对贯彻设计意图是必不可少的。

（1）材料的选用不仅要满足结构的强度要求，还要保证结构的延性要求。抗震规范规定，结构材料指标应符合下列最低要求：烧结普通砖的强度等级不应低于 MU7.5，砖砌体的砂浆强度等级不宜低于 M2.5；混凝土的强度等级，一级抗震等级框架的梁、柱和节点不宜低于 C30，构造柱、芯柱、圈梁与基础不宜低于 C15，其他各类构件不应低于 C20；钢筋的强度等级，纵向钢筋宜采用 II、III 级变形钢筋，箍筋宜采用 I 级钢筋，构造柱、芯柱可采用 I 级或 II 级钢筋。

（2）保证施工质量，才能贯彻抗震概念设计的意图，对于设计文件中注明的特殊要求，施工部门应切实执行。为了加强整体性，构造柱、芯柱和底层框架砖墙的砖填充墙框架的施工，应先砌墙后浇混凝土柱；砌体结构的纵、横墙交接处应同时咬搓砌筑，或采取设拉结筋的拉结措施。

三、结构抗震的基本知识

（一）房屋体形方面

1. 平面复杂的房屋，如 L 形、Y 形等，破坏率显著增高。

2. 有大地盘的高层建筑，裙房顶面与主楼相接处楼板面积突然减小的楼层，容易破坏。

3. 房屋高宽比值较大且上面各层刚度很大的高层建筑，底层框架柱因地震倾覆力矩引起的巨大压力而发生剪压破坏。

4. 相邻结构或毗邻建筑，因相互间的缝隙宽度不够而发生碰撞破坏。

（二）结构体系方面

1. 相对于框架体系而言，采用框–墙体系的房屋，破坏程度较轻，特别有利于保护填充墙和建筑装修免遭破坏。

2. 采用"框架结构+填充墙"体系的房屋，在钢筋混凝土框架平面内嵌砌砖填充墙时，柱上端易发生剪切破坏；外墙框架柱在窗洞处因受窗下墙的约束而发生短柱型剪切破坏。

3. 采用钢筋混凝土板柱体系的房屋，或因楼板冲切破坏，或因楼层侧移过大，柱顶、柱脚破坏，各层楼板坠落，重叠在地面。

4. 采用"底部纯框架+上部砌体结构"体系的房屋，相对柔弱的底层，破坏程度十分严重；采用"框架结构+填充墙"体系的房屋，当底层为开敞式的纯框架，底层同样遭到严重破坏。

5. 采用单跨框架结构体系的房屋，因结构整体缺乏缓冲度，强震下容易整体倒塌。

6. 在框架结构中，绝大多数情况下，柱的破坏程度重于梁和板。

7. 钢筋混凝土框架，如在同一楼层中出现长、短并用的情况，短柱破坏严重。

（三）刚度分布方面

1. 采用 L 形、三角形等不对称平面的建筑，地震时因发生扭转振动而使震害加重。

2. 矩形平面建筑，电梯间竖筒等抗侧力构件的布置存在偏心时，同样因发生扭转振动而使震害加重。

（四）其他方面

1. 钢筋混凝土多肢剪力墙的窗下墙（连梁）常发生斜向裂缝或交叉裂缝。

2. 配置螺旋箍的钢筋混凝土柱，当层间位移角达到很大数值时核心混凝土仍保持完好，柱仍具有较大的竖向承载能力，若螺旋箍崩开，则核心混凝土破碎脱落。

3. 竖向布置不合理易导致建筑竖向刚度突变，产生抗震能力薄弱的楼层。

4. 局部布置不合理，容易使框架柱形成短柱，产生剪切破坏。

5. 附于楼屋面的机电设备、女儿墙等非结构，地震时易倒塌或脱落伤人，设计时应采取与主体结构可靠的连接与锚固措施。

（五）良好的结构屈服机制

一个良好的结构屈服机制，其特征是结构在其杆件出现塑性铰后，竖向承载能力基本保持稳定；同时，可以持续变形而不倒塌，进而最大限度地吸收和耗散地震能量，因此，一个良好的结构屈服机制应满足下列条件：

1. 结构的塑性发展从次要构件开始，或从主要构件的次要杆件（部件）开始，最后才在主要构件上出现塑性铰，从而形成多道防线。

2. 结构中所形成的塑性铰的数量多，塑性变形发展的过程长。

3. 构件中塑性铰的塑性转动量大，结构的塑性变形量大。

（六）保证结构延性能力的抗震措施

延性对抗震来说是极其重要的一个性质，我们要想通过抗震措施来保证结构的延性，那么就必须清楚影响延性的因素。对于梁柱等构件，延性的影响因素最终可归纳为最根本的两点：混凝土极限压应变，破坏时的受压区高度。影响延性的其他因素实质都是这两个根本因素的延伸。如受拉钢筋配筋率越大，混凝土受压区高度就越大，延性越差；受压钢筋越多，混凝土受压区高度越小，延性越好；混凝土强度越高，受压区高度越低，延性越好（但如果混凝土强度过高可能会减小混凝土极限压应变从而降低延性）；对柱子这类偏压构件，轴压力的存在会增大混凝土受压区高度，减小延性；箍筋可以提高混凝土极限压应变，从而提高延性，但对于高强度混凝土，受压时，其横向变形系数较一般混凝土明显偏小，箍筋的约束作用不能充分发挥，所以对于高强度混凝土，不适于用加箍筋的方法来改善其延性。此外，箍筋还有约束纵向钢筋，避免其发生局部压屈失稳，提高构件抗剪能力的作用，因此，箍筋对提高结构抗震性能具有相当重要的作用。根据以上规律，在抗震设计中为保证结构的延性，常常采用以下措施：控制受拉钢筋配筋率，保证一定数量受压钢筋，通过加箍筋保证纵筋不局部压屈失稳以及约束受压混凝土，对柱子限制轴压比等。

此外，那些一般不属于主体结构的非结构构件也应引起足够重视，应做好其细部构造，如吊顶、装饰、附属机电设备、女儿墙等，应加强锚固，防止其脱落伤人。

四、建筑抗震概念设计

建筑抗震设计一般包括三个方面：概念设计、抗震计算和构造措施。所谓概念设计，是指根据地震灾害和工程经验等所形成的基本设计原则和设计思想，进行建筑和结构的总体布置并确定细部构造的过程。概念设计在总体上把握抗震设计的基本原则。抗震计算为建筑抗震设计提供定量手段。构造措施则可以在保证结构整体性、加强局部薄弱环节等意义上保证抗震计算结果的有效性。抗震设计上述三个层次的内容是一个不可割裂的整体，忽略任何一部分，都可能造成抗震设计的失败。

建筑抗震概念设计一般主要包括以下几个内容：注意场地选择和地基基础设计，把握建筑结构的规则性，选择合理抗震结构体系，合理利用结构延性，重视非结构因素，确保材料和施工质量。

（一）场地和地基

选择建筑场地时，应掌握地震活动情况和工程地质的有关资料，宜选择有利地段，避开不利场地，不应在危险地段建造甲、乙、丙类建筑。

地基和基础设计应符合下列要求：

一是同一结构单元的基础不宜设置在性质截然不同的地基上。

二是同一结构单元不宜部分采用天然地基，部分采用桩基。

三是地基为软弱黏性土、液化土、新近填土或严重不均匀土时，应估计地震时地基不均匀沉降或其他不利影响，并采取相应的措施。

（二）建筑结构的规则性

建筑结构不规则可能造成较大地震扭转效应，产生严重应力集中或形成抗震薄弱层。因此，在建筑抗震设计中，应使建筑物的平面布置规则、对称，具有良好的整体性；建筑的立面和竖向剖面宜规则，结构的侧向刚度变化宜均匀。竖向抗侧力构件的截面尺寸和材料强度宜自下而上逐渐减小，避免抗侧力结构的侧向刚度和承载力突变而形成薄弱层。

建筑结构的不规则类型可分为平面不规则（表5-1）和竖向不规则（表5-2）。当采用不规则建筑结构时，应按建筑抗震设计规范的要求进行水平地震作用计算和内力调整，并应对薄弱部位采取有效的抗震构造措施。

表 5-1　平面不规则的类型

不规则类型	定义
扭转不规则	楼层的最大弱性水平位移（或层间位移），大于该楼层两端弹性水平位移（或层间位移）平均值的 1.2 倍
凹凸不规则	结构平面凹进的一侧尺寸，大于相应投影方向总尺寸的 30%
楼板局部不连接	楼板的尺寸和平面刚度急剧变化，例如，有效楼板宽度小于该层楼板典型宽度的 50%，或开洞面积大于该层楼面面积的 30%，或较大的楼层错层

表 5-2　竖向不规则的类型

不规则类型	定义
侧向刚度不规则	该层的侧向刚度小于相邻上一层的 70%，或小于其上相邻三个楼层侧向刚度平均值的 80%；除顶层外，局部收进的水平向尺寸大于相邻下一层的 25%
竖向抗侧力构件不连续	竖向抗侧力构件（桩、抗震墙、抗震支撑）的内力由水平转换构件（梁、桁架等）向下传递
楼层承载力突变	抗侧力结构的层间受剪承载力小于相邻上一楼层的 80%

平面不规则而竖向规则的建筑结构，应采用空间结构计算模型，并应符合下列要求：

一是扭转不规则时，应计入扭转影响，且楼层竖向构件最大的弹性水平位移和层间位移分别不宜大于楼层两端弹性水平位移和层间位移平均值的 1.5 倍，当最大层间位移远小于规范限值时，可适当放宽。

二是凹凸不规则或楼板局部不连续时，应采用符合楼板平面内实际刚度变化的计算模型；高烈度或不规则程度较大时，宜计入楼板局部变形的影响。

三是平面不对称且凹凸不规则或局部不连续，可根据实际情况分块计算扭转位移比，对扭转较大的部位应采用局部的内力增大系数。

平面规则而竖向不规则的建筑结构，应采用空间结构计算模型，刚度小的楼层的地震剪力应乘以不小于 1.15 的增大系数，其薄弱层应按本规范有关规定进行弹塑性变形分析，并应符合下列要求：

一是竖向抗侧力构件不连续时，该构件传递给水平转换构件的地震内力应根据烈度高低和水平转换构件的类型、受力情况、几何尺寸等，乘以 1.25~2.0 的增大系数。

二是侧向刚度不规则时，相邻层的侧向刚度比应依据其结构类型符合本规范相关章节的规定。

三是楼层承载力突变时，薄弱层抗侧力结构的受剪承载力不应小于相邻上一楼层的 65%。

平面不规则且竖向不规则的建筑，应根据不规则类型的数量和程度，有针对性地采取不低于上述要求的各项抗震措施。特别不规则的建筑，应经专门研究，采取更有效的加强措施或对薄弱部位采用相应的抗震性能化设计方法。

体形复杂、平直面不规则的建筑，应根据不规则程度、地基基础条件和技术经济等因素的比较分析，确定是否设置防震缝，并分别符合下列要求：

一是当不设置防震缝时，应采用符合实际的计算模型，分析判明其应力集中、变形集中或地震扭转效应等导致的易损部位，采取相应的加强措施。

二是当在适当部位设置防震缝时，宜形成多个较规则的抗侧力结构单元。防震缝应根据抗震设防烈度、结构材料种类、结构类型、结构单元的高度和高差以及可能的地震扭转效应的情况，留有足够的宽度，其两侧的上部结构应完全分开。

三是当设置伸缩缝和沉降缝时，其宽度应符合防震缝的要求。

（三）抗震结构体系

大量地震还表明，采取合理的抗震结构体系，加强结构的整体性，增强结构构件是减轻地震破坏、提高建筑物抗震能力的关键。结构体系应根据建筑的抗震设防类别，抗震设防烈度、建筑高度、场地条件、地基、结构材料和施工等因素，经技术、经济和使用条件综合比较确定。

1. 在选择建筑抗震结构体系时，应注意符合下列各项要求：

（1）应具有明确的计算简图和合理的地震作用传递途径。

（2）宜有多道抗震防线，应避免因部分结构或构件破坏而导致整个结构丧失抗震能力或对重力荷载的承载能力。在建筑抗震设计中，可以利用多种手段实现设置多道防线的目的，例如：增加结构超静定数，有目的地设置人工塑性铰，利用框架的填充墙，设置耗能元件或耗能装置，等等。

（3）应具备必要的抗震承载力，良好的变形能力和消耗地震能量的能力。结构抵抗强烈地震，主要取决于其吸能和耗能能力，这种能力依靠结构或构件在预定部位产生塑性铰，即结构可承受反复塑性变形而不倒塌，仍具有一定的承载能力。为实现上述目的，可采用结构各部位的联系构件形成耗能元件，或将塑性铰控制在一系列有利部位，使这些并不危险的部位首先形成塑性铰或发生可以修复的破坏，从而保护主要承重体系。

（4）宜具有合理的刚度和承载力分布，避免因局部削弱或突变形成薄弱部位，产生过大的应力集中或塑性变形集中；对可能出现的薄弱部位，应采取措施提高抗震能力。

（5）结构在两个主轴方向的动力特性宜相近。

2. 对结构构件的设计应符合下列要求：

（1）砌体结构应按规定设置钢筋混凝土圈梁和构造柱、芯柱，或采用配筋砌体等。

（2）混凝土结构构件应合理地选择尺寸，配置纵向受力钢筋和箍筋，避免剪切破坏先于弯曲破坏，混凝土的压溃先于钢筋的屈服，钢筋的锚固黏结破坏先于构件破坏。

（3）预应力混凝土的抗侧力构件，应配有足够的非预应力钢筋。

（4）钢结构构件应合理控制尺寸，避免局部失稳或整个构件失稳。

3. 结构各构件之间应可靠连接，保证结构的整体性，应符合下列要求：

（1）构件节点的破坏，不应先于其连接的构件。

（2）预埋件的锚固破坏，不应先于连接件。

（3）装配式结构构件的连接，应能保证结构的整体性。

（4）预应力混凝土构件的预应力钢筋，宜在节点核心以外锚固。

（5）各种抗震支撑系统应能保证地震时结构的稳定。

（四）非结构构件

非结构构件，包括建筑非结构构件和建筑附属机电设备，为了防止附加震害，减少损失，应处理好非承重结构构件与主体结构之间的如下关系：

1. 附着于楼、屋面结构上的非结构构件，应与主体结构有可靠的连接或锚固，避免地震时倒塌伤人或砸坏重要设备。

2. 围护墙和隔墙应考虑对结构抗震的不利影响，避免不合理设置而导致主体结构的破坏。

3. 幕墙，装饰贴面与主体结构应有可靠连接，避免地震时脱落伤人。

4. 安装在建筑上的附属机械、电气设备系统的支座和连接，应符合地震使用功能的要求，且不应导致相关部件的损坏。

（五）结构材料与施工

建筑结构材料以及施工质量的好坏，直接影响建筑物的抗震性能。因此，在《建筑抗震设计规范》（GB50011—2010）中，对结构材料性能指标提出了最低要求，对施工中的钢筋代换也提出了具体要求。抗震结构对材料和施工质量的特殊要求，应在设计文件上注明，并应保证切实执行。

1. 结构材料性能指标的最低要求

（1）砌体结构材料应符合下列规定：普通砖和多孔砖的强度等级不应低于MU10，其砌筑砂浆强度等级不应低于M5；混凝土小型空心砌块的强度等级不应低于MU7.5，其砌筑砂浆强度等级不应低于 Mb7.5。

（2）混凝土结构材料应符合下列规定：混凝土的强度等级，框支梁、框支柱及抗震等级为一级的框架梁、柱、节点核芯区，不应低于 C30；构造柱、芯柱、圈梁及其他各类构件不应低于 C20；抗震等级为一、二、三级的框架结构和斜撑构件（含梯段），其纵向受力钢筋采用普通钢筋时，钢筋的抗拉强度实测值与屈服强度实测值的比值不应小于 1.25；钢筋的屈服强度实测值与屈服强度标准值的比值不应大于 1.3，且钢筋在最大拉力下的总伸长率实测值不应小于 9%。

（3）钢结构的钢材应符合下列规定：钢材的屈服强度实测值与抗拉强度实测值的比值不应大于 0.85；钢材应有明显的屈服台阶，且伸长率应大于 20%；钢材应有良好的焊接性和合格的冲击韧性。

2. 结构材料性能指标尚宜符合的要求

（1）普通钢筋宜优先采用延性、韧性和焊接性较好的钢筋；普通钢筋的强度等级，纵向受力钢筋宜选用符合抗震性能指标的不低于 HRB400 级的热轧钢筋，也可采用符合抗震性能指标的 HRB335 级热轧钢筋；箍筋宜选用符合抗震性能指标的不低于 HRB335 级热轧钢筋，也可选用 HPB300 级热轧钢筋。

（2）混凝土结构的混凝土强度等级，抗震墙不宜超过 C60，其他构件，设防烈度为 9 度时不宜超过 C60，8 度时不宜超过 C70。

（3）钢结构的钢材宜采用 Q235 等级 B、C、D 的碳素结构钢及 Q345 等级 B、C、D、E 的低合金高强度结构钢；当有可靠依据时，尚可采用其他钢种和钢号。

3. 施工要求

（1）在施工中，当需要以强度等级较高的钢筋替代原设计中的纵向受力钢筋时，应按照钢筋承载力设计值相等的原则换算，并应满足最小配筋率要求。

（2）采用焊接连接的钢结构，当接头的焊接拘束度较大，钢板厚不小于 40 mm 且承受沿板厚方向的拉力时，钢板厚度方向截面收缩率不应小于国家标准《厚度方向性能钢板》GB/T50313 关于 Z15 级规定的容许值。

（3）钢筋混凝土构造柱和底部框架-抗震墙砖房中的砌体抗震墙，其施工应先砌墙后浇构造柱和框架梁柱。

（4）混凝土墙体、框架柱的水平施工缝，应采取措施加强混凝土的结合性能。对于抗震等级一级的墙体和转换层楼板与落地混凝土墙体的交接处，宜验算水平施工缝截面的受剪承载力。

第三节　建筑结构设计中钢结构的连接

一、钢结构的连接方法

钢结构的设计主要包括构件和连接两大项内容，钢结构的连接是指通过一定的方式将钢板或型钢组合成构件，或者将若干个构件组合成整体结构，以保证其共同工作。连接的设计在钢结构设计中非常重要，主要是因为连接的受力比构件复杂，而连接的破坏将直接导致钢结构的破坏，而且一旦破坏，连接的补强也比构件要困难。随着钢结构领域的迅速发展，新的连接形式和连接方法也在不断地涌现。①

钢结构是由若干构件组装而成的。连接的作用是通过一定的手段将板材或型钢组装成构件，或将若干构件组装成整体结构，以保证其共同工作。因此，连接方式及其质量优劣直接影响钢结构的可靠性和经济性。钢结构的连接必须符合安全可靠、传力明确、构造简单、制造方便和节约钢材的原则。连接接头应有足够的强度；要有适于连接施工操作的足够空间。钢结构的连接方法可分为焊缝连接、铆钉连接和螺栓连接三种。

（一）焊缝连接

1. 定义

焊缝连接是现代钢结构最主要的连接方法之一。其优点是：构造简单，任何形式的构件都可直接相连；用料经济，不削弱截面；制作加工方便，可实现自动化操作；连接的密闭性好，结构刚度大。其缺点是：在焊缝附近的热影响区内，钢材的金相组织发生改变，导致局部材质变脆，材质不均匀，应力集中；焊接残余应力和残余变形使受压构件承载力和动力荷载作用下的承载性能降低；焊接结构对裂纹很敏感，局部裂纹一旦发生，就容易扩展到整体，低温冷脆问题和反复荷载作用下的疲劳问题较为突出。

2. 焊接连接的特性及要求

焊缝连接是现代钢结构最主要的连接方法，其是通过电弧产生高温，将构件连接边缘及焊条金属熔化，冷却后凝成一体，形成牢固连接。焊接连接的优点有：构造简单，制造省工；不削弱截面，经济；连接刚度大，密闭性能好；易采用自动化作业，生产效率高。其缺点是：焊缝附近有热影响区，该处材质变脆；在焊件中产生焊接残余应力和残余应

---

①　刘智敏. 钢结构设计原理［M］. 北京：北京交通大学出版社，2019.

变，对结构工作常有不利影响；焊接结构对裂纹很敏感，裂缝易扩展，尤其在低温下易发生脆断。另外，焊缝连接的塑性和韧性较差，施焊时可能会产生缺陷，使结构的疲劳强度降低。

钢结构焊接连接构造设计宜符合下列要求：

（1）尽量减少焊缝的数量和尺寸。

（2）焊缝的布置宜对称于构件截面的形心轴。

（3）节点区留有足够空间，便于焊接操作和焊后检测。

（4）避免焊缝密集和双向、三向相交。

（5）焊缝位置避开高应力区。

（6）根据不同焊接工艺方法合理选用坡口形状和尺寸。

（7）焊缝金属应与主体金属相适应。当不同强度的钢材连接时，可采用与低强度钢材相适应的焊接材料。

（二）铆钉连接

铆钉连接由于构造复杂，费钢费工，现已很少采用。但是铆钉连接的塑性好，韧度高，传力可靠，质量易于检查，在一些重型和直接承受动力荷载的结构中，有时仍然采用。

（三）螺栓连接

螺栓连接先在连接件上钻孔，然后装入预制的螺栓，拧紧螺母即可。螺栓连接安装操作简单，又便于拆卸，故广泛用于结构的安装连接、需要经常装拆的结构及临时固定连接中。螺栓又分为普通螺栓和高强螺栓。高强螺栓连接紧密，耐疲劳，承受动载可靠，成本也不太高，目前在一些重要的永久性结构的安装连接中，它已成为替代铆钉连接的优良连接方法。

（四）连接设计的任务

焊缝或螺栓的作用就是可靠地传递被连接构件之间的力，钢构件通过连接焊缝或螺栓共同形成连接体系，进而拼装成为整体结构。连接设计的任务就是首先正确分析整个连接体系的受力状况，进行合理的构造设计，进而得到作为连接枢纽的焊缝或螺栓的内力状态，依此进一步计算确定所需焊缝的尺寸（焊缝的长度和焊脚高度）或所需螺栓的数目及合理布置，确定连接体系所需拼接板尺寸，最后绘制规范的施工图。

二、螺栓连接

（一）普通螺栓连接

1. 形式和排列要求

钢结构中采用的普通螺栓的形式为六角头形，粗牙普通螺纹，代号用字母 M 加公称直径表示，如 M16、M20 等。C 级螺栓采用 Ⅱ 类孔，其孔径 d_0 比螺栓直径 d 大 1.5~2mm，即 $d_0 = d + （1.5~2）$ mm。

螺栓在连接中的排列应遵循简单整齐、便于施工的原则，常用的排列方式有两种：并列和错列。并列排布较简单，但是螺栓孔对于被连接件截面削弱较大；错列可减少螺栓孔对截面的削弱，但螺栓孔排列不如并列紧凑，需要的连接板尺寸较大。当采用螺栓连接时，其排列应满足如下要求：

（1）受力要求

构件受拉时，螺栓之间的中距不应太小。在垂直于受力方向：对于受拉构件，各排螺栓的中距及边距不能太小，以免螺栓周围应力集中并相互影响，而且使钢板的截面削弱过多，降低其承载能力。在顺力的作用方向：端距应满足被连接材料的抗挤压及抗剪切等强度条件的要求，以使钢板端部不致被螺栓冲剪撕裂，规范规定端距不应小于 $2d_0$。受压构件上的中距也不应过大，以免被连接板件间发生鼓曲现象。

（2）构造要求

螺栓的中距不应过大，否则钢板间贴合不紧密。边距和端距也不应过大，以防止潮气侵入缝隙使钢材锈蚀。

（3）施工要求

要保证有一定的施工空间，便于用扳手拧紧螺帽。根据扳手尺寸和工人的施工经验，规定最小中距为 $3d_0$。

综合以上要求，《钢结构设计规范》（GB 50017—2017）规定的钢板上螺栓的容许距离详见表 5-3。

排列螺栓时，应按最小容许距离布置，且应取 5mm 的倍数，并按等距离排布，以缩小连接的尺寸。最大容许距离一般只在起联系作用的构造连接中采用。

角钢、工字钢及槽钢上螺栓的排列除应满足表 5-3 规定的最大、最小容许距离外，还应符合各自的线距和最大孔径 d_{0max} 的要求。H 型钢腹板上和翼缘螺栓的线距和最大孔径，可分别参照工字钢腹板和角钢的选用。

表 5-3　螺栓的最大、最小容许距离

名称	位置和方向			最大容许距离（取两者中的较小值)	最小容许距离
中间间距	外排（垂直内力方向或顺内力方向）			$8d_0$ 或 $12t$	$3d_0$
	中间排	垂直内力方向		$16d_0$ 或 $24t$	
		顺内力方向	构件受压力	$12d_0$ 或 $18t$	
			构件受拉力	$16d_0$ 或 $24t$	
	沿对角线方向			-	
中心至构件边缘距离	垂直内力方向	剪切或手工气割边		$4d_0$ 或 $8t$	$2d_0$
		轧制边，自动气割或锯割边	高强度螺栓		$1.5d_0$
			其他螺栓		
	顺内力方向				$1.2d_0$

注：（1）d_0 为螺栓孔或铆钉孔直径，t 为外层较薄板件的厚度；

（2）钢板边缘与刚性构件（如角钢、槽钢等）相连的螺栓或铆钉的最大间距，可按中间排的数值采用。

2. 螺栓连接的构造要求

螺栓连接除应满足上述排列的要求外，还应满足下列构造要求。

（1）为了使连接可靠，每一杆件在节点上以及拼接接头的一端，永久性螺栓数不宜少于两个。但根据实践经验，对于组合构件的缀条，其端部连接可采用一个螺栓。

（2）当普通螺栓连接直接承受动力荷载时，应采用双螺帽或其他防止螺帽松动的有效措施。例如采用弹簧垫圈，或将螺帽和螺杆焊死等方法。

（3）由于 C 级螺栓与孔壁有较大空隙，多应用于沿其杆轴受拉的连接。承受静力荷载结构的次要连接，可拆卸结构的连接和临时固定构件用的安装连接中，也可用 C 级螺栓受剪。但在重要的连接中，如制动梁或吊车梁上翼缘与柱的连接，由于传递制动梁的水平支承反力，同时受到反复动力荷载作用，不得采用 C 级螺栓。柱间支撑与柱的连接，以及在柱间支撑处吊车梁下翼缘的连接，承受着反复的水平制动力和卡轨力，应优先采用高强度螺栓。

（4）两个型钢构件采用高强度螺栓拼接时，由于型钢的抗弯刚度较大，不能保证摩擦面紧密贴合，故不能用型钢作为拼接件，而应采用钢板。

（5）高强度螺栓连接范围内，构件接触面的处理方法应在施工图中说明。

（二）高强度螺栓连接

高强度螺栓连接有摩擦型和承压型两种。摩擦型高强度螺栓在抗剪连接中，设计时以剪力达到板间接触面间可能发生的最大摩擦力为极限状态。而承压型在受剪时则允许摩擦力被克服并发生相对滑移，之后外力可继续增加，由栓杆抗剪或孔壁承压的最终破坏为极限状态。在受拉时，两者没有区别。

高强度螺栓的构造和排列要求，除栓杆与孔径的差值较小外，其余与普通螺栓相同。高强度螺栓应采用钻成孔。摩擦型高强螺栓因受力时不产生滑移，其孔径比螺栓公称直径可稍大些，一般采用 1.5~2.0mm。承压型高强螺栓则应比摩擦型相应减小 0.5mm，一般为 1.0~1.5m。

高强度螺栓连接按照传力机理分为摩擦型高强度螺栓连接和承压型高强度螺栓连接两种类型。对于抗剪连接，依靠被夹紧钢板接触面间的摩擦力传力，以板层间出现滑动作为其承载能力的极限状态，这样的连接称为摩擦型高强度螺栓连接。如果板件接触面间的摩擦力被克服，则板层间出现滑动，栓杆与孔壁接触，通过螺栓抗剪和孔壁承压来传力，以孔壁挤压破坏或螺栓受剪破坏作为承载能力的极限状态，这种连接称为承压型高强度螺栓连接，它适于允许产生少量滑移的承受静荷载结构或间接承受动力荷载构件。当允许在某一方向产生较大滑移时，可采用长圆孔；当采用圆孔时，其孔径比螺栓的公称直径大 1.0~1.5mm。

摩擦型高强度螺栓抗剪连接的承载力取决于高强度螺栓的预拉力和板件接触面间的摩擦系数（也称抗滑移系数）的大小，实践中为提高承载力除采用强度较高的钢材制造高强度螺栓并经热处理，以提高预拉力外，还常对板件接触面进行处理（如喷砂）以提高摩擦系数。摩擦型连接的优点是改善被连接件的受力条件，由于螺栓本身无疲劳问题，被连接件的疲劳强度可以大幅提高，因此，摩擦型高强度螺栓连接耐疲劳性能好，连接变形小，适用于重要的结构和承受动力荷载的结构，以及可能出现反向内力构件的连接，其孔径比螺栓的公称直径大 1.5~2.0mm。两种高强度螺栓连接，除了在设计计算方法和孔径方面有所不同外，其他在材料、预拉力、接触面的处理以及施工要求等方面没有差异。

1. 高强度螺栓的材料和性能等级

目前我国常用的高强度螺栓性能等级，按热处理后的强度分为 10.9 级和 8.8 级两种。其中整数部分（10 和 8）表示螺栓成品的抗拉强度 f_u 不低于 1000N/mm^2 和 800N/mm^2；小数部分（0.9 和 0.8）则表示其屈强比 f_y/f_u，为 0.9 和 0.8。

10.9 级的高强度螺栓材料可用 20MnTiB（20 锰钛硼）、40B（40 硼）和 35VB（35 钒

硼）钢。8.8 级的高强度螺栓材料则常用 45 号钢和 35 号钢。螺母常用 45 号钢、35 号钢和 15MnVB（15 锰钒硼）钢。垫圈常用 45 号钢和 35 号钢。螺栓、螺母、垫圈制成品均应经过热处理以达到规定的指标要求。

2. 高强度螺栓的预拉力

高强度螺栓的预拉力值应尽可能高些，但须保证螺栓在拧紧过程中不会屈服或断裂，所以控制预拉力是保证连接质量的一个关键性因素。高强度螺栓的设计预拉力值由螺栓的材料强度和有效截面确定，并且考虑了以下问题：①在拧紧螺栓时扭矩使螺栓产生的剪应力将降低螺栓的承拉能力，故对材料抗拉强度除以系数 1.2；②施工时为补偿螺栓松弛所造成的预拉力损失要对螺栓超张拉 5%~10%，故须乘以折减系数 0.9；③螺栓材质的不定性，也须乘以折减系数 0.9；④按抗拉强度 f_u 而不是按屈服强度 f_y 计算预拉力，再引进一个附加安全系数 0.9。这样，预拉力设计值的计算公式为：

$$P = \frac{0.9 \times 0.9 \times 0.9 f_u A_g}{1.2} = 0.6075 f_u A_g$$

式中 A_e——螺栓的有效截面面积；

f_u——螺栓材料经热处理后的最低抗拉强度。对于 8.8 级螺栓，$f_u = 830 \text{N/mm}^2$；对于 10.9 级螺栓，$f_u = 1040 \text{N/mm}^2$。

按上式计算，并取 5kN 的倍数，即得《规范》规定的预拉力设计值 P（表 5-4）。

表 5-4　高强度螺栓的预拉力设计值 P（kN）

螺栓的性能等级	螺栓公称直径（mm）					
	M16	M20	M22	M24	M27	M30
8.8 级	80	125	150	175	230	280
10.9 级	100	155	190	225	290	355

第六章 钢结构的工程施工与质量控制

钢结构工程实体作为一种综合加工的产品，它的质量是指钢结构工程产品适合于某种规定的用途，满足人们要求所具备的质量特性的程度。由于钢结构工程实体具有单件、定做的特点，因此，其质量特性除具有一般产品所共有的特性外，还具有其特殊方面。[①] 对钢结构的工程施工与质量控制展开研究具有重要意义。

第一节 钢结构的加工制作与机具设备

一、钢部品构件的加工制作

（一）钢构件生产工序

钢结构的钢部品构件的生产通常可分为以下几道工序。

1. 下料

（1）下料要点

①气割。钢结构切割下料常采用气割，气体可为氧-乙炔、氧-丙烷、C3气及混合气等。为了保证产品质量，下料时须适当预放加工裕量，一般可根据不同加工量按下列数据进行：自动气割切断的加工裕量为3mm；手工气割切断的加工裕量为4mm；气割后须铣端或刨边的，其加工裕量为4~5mm。对需要焊接结构的零件，除放出上述加工裕量外，还须考虑焊接零件的收缩量。一般沿焊缝长度纵向收缩率为0.03%~0.2%；沿焊缝宽度横向收缩，每条焊缝收缩量为0.03~0.75mm；加强肋的焊缝引起的构件纵向收缩，每肋每条焊缝收缩量为0.25mm。加工裕量和焊接收缩量应由组合工艺中的拼装方法、焊接方法及钢材种类、焊接环境等决定。

---

① 陈建平. 钢结构工程施工质量控制［M］. 上海：同济大学出版社，1999.

工艺参数对气割的影响很大，常见的气割断面的缺陷及其产生原因如下：

a. 粗糙。切割氧压力过高，割嘴选用不当，切割速度太快，预热火焰能率过大。

b. 缺口。切割过程中断，重新起割衔接不好，钢板表面有厚的氧化皮、铁锈等，切割坡口时预热火焰能率不足，半自动气割机导轨上有脏物。

c. 内凹。切制氧压力过高，切制速度过快。

d. 倾斜。割炬与板面不垂直，风线歪斜，切割氧压力低或嘴号偏小。

e. 上缘熔化。预热火焰太强，切割速度太慢，割嘴离割件太近。

f. 上缘呈珠链状。钢板表面有氧化皮、铁锈，割嘴到钢板的距离太小，火焰太强。

g. 下缘黏渣。切割速度太快或太慢，割嘴号太小，切割氧压力太低。

②等离子切割。等离子切割不用保护气，工作气体和切割气体从同一喷嘴喷出。空气等离子切割一般使用压缩空气作为工作气体，以高温高速的等离子弧为热源，将被切割的金属局部熔化，并同时用高速气流将已熔化的金属吹走，形成狭窄切缝。充分电离了的空气等离子体的热熔值高，因而电弧的能量大，切割速度快。这种方法切割成本低，气源来源方便。

等离子切割操作要点：

a. 等离子切割的回路采用直流正接法，即工件接正极，钨极接负极，减少电极的烧损，以保证等离子弧的稳定燃烧。

b. 手工切割时，不得在切割线上引弧。

③机械剪切、冲裁。钢零件下料时，如果对于钢材边缘质量要求精度不高，可以选用剪板下料或锯床切割。

a. 剪板下料要点。在斜口剪床上剪切时，要根据规定的剪板厚度，调整剪板机的剪刀间隙；在龙门剪床上剪切时，将钢板表面清理干净，并画出剪切线，然后将钢板放在工作台上；在圆盘剪切机上剪切时，要根据被剪切钢板厚度调整上下两只圆盘剪刀的距离；不允许裁剪超过剪床工作能力的板材；送料的手指离剪刀口应保持最小 200mm 的距离，并且离开压紧装置；剪切时，板料上的剪切加工线要准确无误，压料装置应牢牢地压紧板料以便控制好尺寸精度；零件经剪切后发生弯曲和扭曲变形，剪切后必须进行矫正；机械剪切的零件厚度不宜大于 12.0mm，剪切面应平整。当被剪切的钢板厚度小于 25mm 时，切口附近金属受剪力作用而发生挤压、弯曲而变形，该区域的钢材会发生硬化，一般硬化区域宽度在 1.5~2.5mm 之间；切割或剪板下料时，需要拼接的翼板或腹板要保证焊接 H 型钢的翼缘板拼接缝和腹板拼接缝错开的间距不宜小于 200mm；碳素结构钢在环境温度低于 16℃、低合金结构钢在温度低于-12℃时，不得进行剪切、冲孔。

b. 冲裁下料要点：冲床的技术参数对冲裁工作影响很大，在进行冲裁时，要根据技术性能参数进行选择；冲床吨位与额定功率是冲床工作能力的两项指标，实际冲裁零件所需的冲裁功，必须小于冲床的这两项指标。薄板冲裁功效小，一般可不考虑；滑块在最低位置时，下表面至工作台面的距离和冲床的闭合高度应与模具的闭合高度相适应；冲裁时模具尺寸与冲床工作台面尺寸相适应，保证模具能牢固地安装在台面上；冲裁模的凸模尺寸总要比凹模小，其间存在一定的间隙。若凸模刃口部分尺寸为 d，凹模刃口部分尺寸为 D，则冲裁模具间隙 $Z = D - d$（图 6-1）；冲裁加工时，一定要合理排样以降低材料损耗。冲裁时材料在凸模工作刃口外侧应留有足够的宽度，即搭边。搭边值 a 一般根据冲裁件的板厚 t 按以下关系选取：圆形零件，$a_2 = 0.7t$；方形零件，$a_2 = 0.8t$。

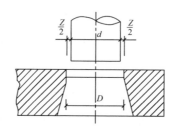

图 6-1　冲裁模具间隙

（2）下料精度

钢结构下料精度须符合《钢结构工程施工质量验收标准》（GB 50205-2020）的各项要求。

2. 制孔

目前，栓接是装配式钢结构施工现场最主要的连接方式；因此，钻孔是装配式钢结构制作中不可或缺的一道重要工序。

（1）制孔常用方法

制孔可以采用钻孔和冲孔的方法。

①钻孔。钻孔是在钻床等机械上进行的，可以钻任何厚度的钢构件或零件，孔壁损伤较小，成孔精度较高。对于钢构件，因场地受限制或加工部位特殊，不便使用钻床加工的，可用电钻、风钻或磁座钻加工。钻孔有人工钻孔或机床钻孔两种方法。

a. 人工钻孔。钢结构人工钻孔常用手枪式或手提式电钻钻孔，多用于钻直径较小、板料较薄的孔，也可以采用压杆钻孔，由两人操作，可钻一般性钢结构的孔，不受工件位置和大小的限制。

b. 机床钻孔。机床钻孔常用数控钻孔或摇臂钻孔，数控钻孔有二维钻孔和三维钻孔。数控二维只能对板料平面钻孔，数控三维钻孔可以对钢部件构件两个以上的平面钻孔。

②冲孔。冲孔是在冲床上将板料冲出孔来，效率高，但孔壁损伤较大，成孔精度低，常用于对薄板、角铁、扁铁或铜板冲孔。

（2）制孔要点

①钻孔前应进行试钻，经检查认可后方可正式钻孔，避免造成批量不合格产品。

②当精度要求较高，板叠层数较多、同类孔较多时，可采用钻模制孔或预钻较小孔径，且在组装时扩孔的方法，当板叠小于 5 层时，预钻小孔的直径小于公称直径一级（3.0mm）；当板叠大于 5 层时，小于公称直径二级（6.0mm）。当螺栓孔孔距的偏差超过表内规定的允许偏差时，应采用与母材材料相匹配的焊条补焊后重新制孔。

3. 边缘加工

钢结构边缘加工的部位主要包括：钢起重机梁翼缘板的边缘、钢柱脚和肩梁承压支承面以及其他要求刨平顶紧的部位、焊接对接口、焊接坡口的边缘、尺寸要求严格的加劲板、隔板、腹板和有孔眼的节点板；由于切割下料产生硬化的边缘或采用气割、等离子弧切割方法切割下料产生的带有害组织热影响区，一般均须对边缘进行刨边、刨平或刨坡口加工。

（1）边缘加工常用方法

①铲边。铲边分为手工铲边和机械铲边（风动铲锤）两种，手工铲边的工具包括手锤和手铲等，机械铲边的工具包括风动铲锤和铲头等。风动铲锤是用压缩空气做动力的一种风动工具，它由进气管、扳机、推杆、阀柜和锤体等主要部分组成，使用时将输送压缩空气的橡胶管接在进气管上，按动扳机，即可进行铲削工作。

②刨边。刨边加工分为刨直边和刨斜边两种。刨边加工的加工余量随着钢材的厚度、钢板的切割方法的不同而不同，一般的刨边加工余量为 2~4mm，下料时应用符号注明刨斜边或刨直边。

③铣边。对于有些构件的端部，可采用铣边（端面加工）的方法代替刨边，铣边是为了保持构件的精度，其加工质量优于刨边。

④气制切割坡口。切割坡口包括手工气割和用半自动、自动气割机进行坡口切割。其操作方法和使用的工具与气制相同。所不同的是将割炬嘴偏斜成所需要的角度，对准要开坡口的地方运行割炬即可。由于此种方法简单易行、效率高，能满足开 V 形坡口的要求，所以已被广泛采用，但要注意切割后须清理干净氧化铁皮残渣。

⑤碳弧气刨。碳弧气刨就是把碳棒作为电极，与被刨削的金属间产生电弧。

（2）边缘加工精度

边缘加工允许偏差要符合相应的标准。

4. 球、杆件加工

球、杆件主要用于网架结构，球有螺栓球、焊接球。螺栓球由钢球、高强螺栓、紧固螺钉、套筒、锥头和封板组成（图 6-2）。

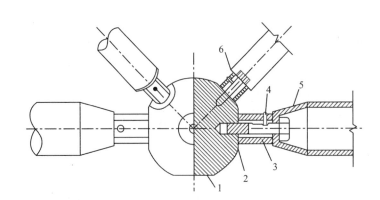

图 6-2　螺栓球组成

1-钢球；2-高强螺栓；3-套筒；4-紧固螺钉；5-锥头；6-封板

螺栓球加工工艺流程如下：材料检验→毛坯下料→料块加热→锻造成型（过程监测）→热处理→毛坯球检验→基准面切削→基准孔加工→螺孔平面切削（检测平面度）→螺孔加工→编号、标志→螺栓球保护及发运。

焊接球为空心球体，由两个半球拼接对焊而成。焊接球分不加肋和加肋两类。

球、杆件一般由专业厂生产，现场组装。

（1）球、杆件加工常用方法

球加工成型一般分为热锻和拼焊两种方法。热锻成型的球称螺栓球，焊接成型的球称焊接球。网架球节点杆件均采用钢管，平面端采用机床下料，管口相贯线采用自动切管机下料。

（2）球、杆件加工精度

①球加工

a. 螺栓球螺纹尺寸应符合现行国家标准《普通螺纹基本尺寸》（GB/T 196-2003）的规定，螺纹公差应符合现行国家标准《普通螺纹公差》（GB/T 197-2018）中 6H 级精度的规定。

b. 焊接球表面应光滑平整，局部凹凸不平不应大于 1.5mm。

c. 球加工允许偏差要符合相应的行业标准。

②杆件加工。杆件加工允许偏差要符合相应的行业标准。

5. 组焊矫加工

（1）组焊矫加工常用方法

组立常用组立机进行组装。焊接 H 型钢采用 H 型钢组立机进行翼腹板组装。焊接箱型柱、梁可采用箱型柱组立机进行组立，也可在平台上人工组立。十字柱的组立可采用已组立焊接好的 H 型钢和两个 T 型钢人工进行组立。对于有些截面无法满足组立机要求时，可选用人工组立的方法。

（2）埋弧焊常用的方法

埋弧焊常用自动或半自动埋弧焊机焊接。

H型钢的埋弧焊接常用龙门式自动埋弧焊机。龙门式自动埋弧焊机焊接自动化程度高，操作简单方便，焊接机头具有垂直升降、角度调整等功能。为适应不同焊接工件的需要，焊剂靠重力送进，负压真空机回收，两个焊接机头既能同时焊接，又能单独焊接。

箱型构件箱体主焊缝的焊接可采用双丝自动埋弧焊机、半自动埋弧焊机或改装的龙门式埋弧焊机。

（3）矫正常用的方法

矫正就是造成新的变形去抵消已经发生的变形。在钢结构制作过程中，由于原材料变形、气割和剪切变形、焊接变形、运输变形等，影响构件的制作及安装质量。当构件出现变形时，必须进行矫正。

矫正常用的方法有冷矫正、热矫正和混合矫正。[1]

①冷矫正。冷矫正常用机械矫正和手工矫正的方法，用到的矫正设备和工具有矫正机、压力机、千斤顶、弯轨器和手锤等，主要是通过施加外力对钢部件构件进行矫正。H型钢焊接成型后由于热胀冷缩的作用，其翼缘板在焊缝位置不可避免地会产生弯曲变形，型钢矫正机的工作力有侧向和垂直向下压力两种。两种型钢矫直机的工作部分是由两个支承和一个推撑构成的，推撑可做伸缩运动，伸缩距离可根据需要进行控制，两个支承固定在机座上，可按型钢弯曲程度来调整两支承点之间的距离，一般较大弯曲时距离大，较小弯曲时距离小。零件气割或剪切产生的变形一般可用手锤进行锤击矫正。

②热矫正。热矫正常用火焰矫正，主要是通过对钢部件构件的局部加热后，利用冷却时内部产生的强大冷缩应力，促使材料的内部纤维受拉塑性收缩，从而矫正变形。

③混合矫正。钢结构部件矫正根据需要可采用混合矫正的方法。机械矫正后，对于焊后产生的弯曲、扭曲等变形或者用一种矫正法难以矫正的钢部件，可选用其他合适的热矫正方法或配合使用小型机具的方法矫正。此种方法适用于型材、钢构件、工字梁、构架或结构件进行局部或整体变形矫正。普通碳素钢温度低于-16℃、低合金结构钢温度低于-12℃时，不宜采用本法矫正，以免产生裂纹。

（4）钢材的矫正方法

①型钢

矫正机可以对焊接H型钢焊接后在翼缘板焊缝位置产生的弯曲变形进行矫正，从而保

---

① 本书编委会. 新编建设工程质量安全管理实务全书 第1卷 [M]. 北京：企业管理出版社，2008.

证翼缘板的平面度。

a. 型钢焊接产生的旁弯、扭曲变形在矫正前，先要确定弯曲点的位置（又称找弯）。这是矫正工作不可缺少的步骤。

b. 在现场确定型钢变形位置时，常用平尺靠量、拉直粉线来检验，但多数是采用目测的方法。确定型钢的弯曲点时，应注意型钢自重下沉而产生的弯曲，这影响准确查看弯曲度。因此对较长的型钢，测弯时要放在水平面上或放在矫正架上进行。

c. 旁弯、扭曲变形常采用热矫正的方法。热矫正的方法有以下三种：点状加热、线状加热、三角形加热。

②角钢

a. 角钢手工矫正。角钢的矫正首先要矫正角度变形，将其角度矫正后再矫直弯曲变形。

b. 角钢角度变形的矫正。成批量的角钢角度变形，可制成 90° 角形凹凸模具，用机械压顶法矫正。少量的角钢角度局部变形可与矫直一并进行。当其角度大于 90° 时，将一肢边立在平面上，直接用大锤击打另一肢边，使角度达到 90° 时为止。其角度小于 90° 时，将内角垂直放于平面上，将适合的角度锤或手锤放于内角，用大锤击打，扩开角度而达到 90°。

c. 角钢弯曲手工矫正。将角钢放在矫正架上，根据角钢的长度，一人或两人握紧角钢的端部，另一人用大锤击中角钢的立边面和角筋位置面，要求打准且稳。根据角钢各弯曲和翻转变化以及打锤者所站的位置，大锤击打角钢各面时，其锤略有抬高或放低。锤面与角钢面的高、低夹角为 3°～10°。这样大锤对角钢具有推拉作用力，以维持角钢受力时的重心平衡，才不会把角钢打翻和避免发生震手的现象。[①]

③槽钢

a. 槽钢大小面方向变形弯曲的大锤矫正与角钢各面弯曲矫正方法相同。

b. 槽钢翼缘向内凸起矫正时，将槽钢立起，并使凹面向下与平台悬空，矫正方法应视变形程度而定。当凹面变形小时，可用大锤由内向外直接击打，严重时可用火焰加热其凸处，并用平锤垫衬，大锤击打即可矫正。

c. 槽钢翼缘面外凸矫正。将槽翼缘面仰放在平台上，一人用大锤顶紧凹面，另一人用大锤由外凸处向内击打，直到打平为止。

④扁钢

a. 矫正扁钢侧向弯曲时，将扁钢凸面朝上、凹面朝下放置于矫架上，用大锤由凸处

① 黄珍珍，朱锋，郑召勇. 钢结构制造与安装 2 版. [M]. 北京：北京理工大学出版社，2014.

最高点依次击打，即可矫正。

b. 小规格的扁钢扭曲矫正，先将靠近扭曲处的直段用虎钳夹紧，用扳制的开口扳手插在另一端靠近扭曲处的直段，向扭曲的反方向加力扳曲，最后放在平台上用大锤修整而矫正扁钢。扁钢扭曲的另一种矫正方法是，将扁钢的扭曲点放在平台边缘上，用大锤按扭曲反方向进行两面逐段、来回移动的循环击打即可矫正。

⑤圆钢

a. 当圆钢制品件质量要求较严时，应将弯曲处凸面向上放在平台上，用摔子锤压凸处，用大锤击打便可矫正。

b. 一般圆钢的弯曲矫正可由两人进行，一人将圆钢的弯处凸面向上放在平台的固定处，来回转动圆钢，另一人用大锤击打凸处，当圆钢矫正一半时，从圆钢另一端进行矫正，直到整根圆钢全部与平台面相接触即可。

（5）组焊矫加工精度

①焊缝内部缺陷。设计要求的一、二级焊缝应进行内部缺陷的无损检测，一、二级焊缝的质量等级和检测要求应符合表6-1的规定。

表6-1 一、二级焊缝质量等级及无损检测要求

焊缝质量等级		一级	二级
内部缺陷超声波探伤	缺陷评定等级	Ⅱ	Ⅲ
	检测等级	B 级	B 级
	检测比例	100%	20%
内部缺陷射线探伤	缺陷评定等级	Ⅱ	Ⅲ
	检测等级	B 级	B 级
	检测比例	100%	20%

一、二级焊缝的检测可采用超声波或射线探伤的方法。当采用超声波检测时，超声波检测设备、工艺要求及缺陷评定等级应符合现行国家标准《钢结构焊接规范》（GB 50661-2011）的规定；当不能采用超声波探伤或对超声波检测结果有疑义时，可采用射线检测验证，射线检测技术应符合现行国家标准《焊缝无损检测 射线检测第1部分：《X和伽马射线的胶片技术》（GB/T 3323. 1-2019）或《焊缝无损检测 射线检测第2部分：使用数字化探测器的《X和伽玛射线技术》（GB/T3323. 2-2019）的规定，缺陷评定等级应符合现行国家标准《钢结构焊接规范》（GB 50661-2011）的规定。

焊接球节点网架、螺栓球节点网架及圆管T、K、Y节点焊缝的超声波探伤方法及缺陷分级应符合国家和行业现行标准的有关规定。

②焊缝外观质量。焊缝外观质量检查可选用观察或使用放大镜、焊缝量规和钢尺检

查，当有疲劳验算要求时，采用渗透或磁粉探伤检查。

6. 对接

（1）对接方法

钢结构工程加工制作中，常常会对角钢和槽钢进行对接，在一般受力不大的钢结构工程中，它们各自的接头方式采用直缝相接。特殊要求的钢结构工程，根据设计要求有时按45°～60°斜接。

从两种型钢接头形式的受力强度比较，直接低于斜接。因为一般焊接金属选用焊条的强度大于被焊金属的基本强度。故焊缝长度增加，其强度也随之增加。

（2）型钢对接

钢接头的种类很多，不同规格的型钢和不同位置的接头，要按标准规定正确处理覆板、盖板的连接和尺寸要求。

①角钢加固连接。大多数用于强度要求较高的角钢结构连接。它的连接方式有从角钢的里面和外面进行单面或双面连接。无论从角钢内、外连接，采用角钢覆盖重叠加固，都必须将靠角钢里面的覆盖角钢筋用气割或铲头去掉，否则筋部高出与另一角钢内角相顶，会出现缝隙不严现象。在双层角钢的中间，应垫放一定规格的夹板，拼装时应用U形卡具将缝隙压紧靠严，再进行焊接。

②工字钢、槽钢盖板连接。工字钢及槽钢的对接点处用盖板内外加固连接。对于大型的重要的钢结构工程，如桥梁动力厂房结构，要求具有较大的拉力、压力和冲击力。为增加结构强度起见，型钢接缝处的内外面上可备加固盖板来提高结构强度。

加固盖板的形状有矩形和菱形两种。矩形制作简单，但从受力、传力均匀程度和稳定性来说，还是菱形板较好，因此多采用菱形盖板。

③钢板盖板连接。在特殊钢结构工程的钢板连接时，如对接不能达到强度要求时，搭接又不允许的情况下，常在同厚度两板对接处采用盖板连接。盖板连接形式有单面和双面连接。单面加固连接时，两板先加工成V形坡口进行焊接，焊肉不能超过钢板的上平面，焊后清除焊渣，焊上加固盖板。

④型钢顶板连接。型钢顶板连接一般用在钢柱的顶端盖板、柱底座板和中间对接夹板结构上。接装前，应将钢板连接处的型钢断面用砂轮或刨边机加工成平面，再焊接顶板、中间夹板或底座板，这样可减小变形，以保证受力均匀。

⑤套管连接。套管连接多用在管道工程和承架钢管的结构架上，两种套管结构的连接形式都有加强对接强度的作用。

套管连接若用在承架结构时，内管对接处无须焊接，只将外管两端焊接即可。如果是管道工程，须将内管对接处先焊接。焊接时要求焊缝成型光滑，内部不得存有焊瘤、砂眼和渗漏缺陷，以防介质通过焊瘤发生堵塞及物料渗入加速管道腐蚀。外焊缝高度不得超过钢管的外曲面，如高出时，须用砂轮磨平，以使管卡顺利通过。

在钢结构工程中，型钢结构连接形式多种多样，如角钢、槽钢、工字钢等互相连接。

（3）角框拼装

矩形内撖角钢框如图 6-3 所示。它是整根角钢分成 3 个或 4 个部分撖制而成的（如 3 个部分撖制应由直角切斜口对缝；4 个部分撖制可在长边切直口对缝）。如果框架的长、宽尺寸不超过 3m 时，可用整根角钢制作。制作时按图样尺寸切口，在切口立面加热，用定位铁定位，向内侧进行撖制，做法如图 6-3 所示。

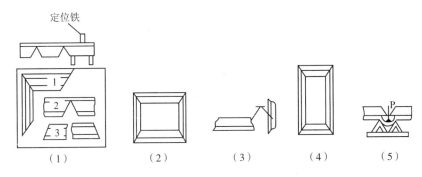

（1）撖制角钢框立面；（2）、（3）切斜口对接；（4）撖制角钢框平面；（5）加热撖制

图 6-3　矩形钢框拼装

（4）切口拼装

一般角钢和槽钢切口撖直角相同。如果角钢或槽钢面宽不超过 100mm 时，须用氧-乙炔焰加热，如果角钢面宽超过 100mm 时，可在炉内加热，但炉内加热面积不要太大，时间不要太长，否则撖制后难以修整。

无论是使用氧-乙炔焰加热或在炉内加热，在撖制中，由于角钢存在厚度，都会因撖曲受力使其外弧产生拉伸增长而出现圆角。因此，用上述两种加热方法撖制时，均要用不太钝的压弧锤在切口处击打，图 6-13（5），以缩小较大圆弧角。撖完后可趁角钢尚有余热，再用衬平锤在圆钢角部位修整，并用直角尺检查，以保持立面与平面垂直。

如果角钢框和槽钢尺寸太长时，可按尺寸分段切割，在拼装平台上放出底样，用挡铁定位，进行组合拼装。

7. 组装

钢结构构件组装方法的选择，必须根据构件的结构特性和技术要求，再结合制造厂的加工能力、机械设备等情况，选择能有效控制组装的精度、耗工少、效益高的方法进行。

（1）焊接 H 型钢及 H 型钢组装加工要点

①组装应按工艺方法的组装次序进行，通常先组装主要结构的零件，按照从内向外或

从里向表的装配次序。当有隐蔽焊缝时，必须先施焊，经检验合格后方可覆盖。当复杂部位不易施焊时，亦须按工序次序分别先后组装和施焊。严禁不按次序组装和强力组对。

②钢起重机梁的下翼缘不得焊接工装夹具、定位板、连接板等临时工件。钢起重机梁和起重机桁架组装、焊接完成后在自重荷载下不允许有下挠。

③对于非密闭的隐蔽部位，应按施工图的要求进行涂层处理后，方可进行组装。

④为保证组装外观尺寸的精确度，有角度的梁组装时应采用地样或胎具装配法。

⑤对构件进行切割修边时，气割切割边缘应保证切割面的直线度及垂直度，气割后割渣应清理干净之后再进行组装，以确保连接位置尺寸的精确度。

⑥带孔的连接板进行组装时，要以孔定位，以保证在工地顺利安装。

⑦组装应根据焊缝质量要求严格控制零部件间组装的间隙。

⑧定位焊必须由持相应合格证的作业人员施焊，定位焊焊缝应与最终焊缝有相同的质量要求。

⑨组装焊缝位置要求全熔透焊接时，钢材厚度超过 8mm 须对钢材焊缝对应位置开坡口，坡口表面应清理干净，无割渣、氧化皮等杂物，定位焊宜在坡口内焊接。

⑩胎具及装出的首个成品须经过严格检验，方可大批组装。

（2）箱型构件组装加工要点

①箱型构件的侧板拼接长不应小于 600mm，相邻两侧板拼接缝的间距不宜小于 200mm，侧板在宽度方向不宜拼接，当截面宽度超过 2400mm 且确须拼接时，最小拼接宽度不宜小于板宽的 1/4。

②箱型构件箱体人工组装应按工艺方法的组装次序进行。其余加工要点可参照焊接 H 型钢组装加工相应要点。

（3）型钢组装加工要点

①热轧型钢可采用直口全熔透焊接拼接，其拼接长度不应小于两倍且截面高度不应小于 600mm。动载或设计有疲劳验算要求的应满足设计要求。

②除采用卷制方式加工成型的钢管外，钢管接长时每个节间宜为主管拼接焊缝与相贯的支管焊缝间的距离不应小于 80mm。

8. 手工焊接

钢结构手工焊接常用到的方法有手工电弧焊和 CO_2 气体保护焊。手工焊接常用于现场环境条件不能使用自动、半自动焊或用自动、半自动焊不方便时，以及钢结构组装后零部件的焊接。气体保护焊（简称气电焊），是用外加气体来保护电焊及熔池的电弧焊。钢结构焊接外加气体常用 CO_2，CO_2 气体成形好，焊接速度快，不用换焊条，节省时间，提高效率（焊接效率是手工电焊的三倍以上）；CO_2气体保护焊残余应力小，变形小；CO_2气体保护焊焊缝抗锈能力强，含氢量低，冷裂纹倾向小；CO_2气体保护焊焊缝连续，引弧点少，不易产生熔透、裂纹等现象；CO_2气体保护焊无焊渣；CO_2气体便宜，成本低；CO_2气体保护焊对操作技术人员水平要求较低，易上手；CO_2气体保护焊型号多，选型较宽。

焊接要点如下：

（1）焊接材料与母材应匹配，符合设计文件和要求及国家现行标准的规定。

（2）焊接材料在使用前，应按其产品说明书及焊接工艺文件的规定进行烘焙和存放。

（3）焊工必须持证上岗，持证焊工必须在其焊工合格证书规定的认可范围内施焊，严禁无证焊工施焊。

（4）对焊接坡口及其表面区域的水分和油污应进行清理，可以用氧–乙炔火焰加热的方法清除，但注意在加热过程中不允许温度过高以免损伤母材。

（5）焊缝应根据设计要求的等级进行施焊。设计要求的一、二级焊缝应进行内部缺陷的无损检测。

（6）焊后产生裂缝或焊缝达不到设计要求的等级时，必须对焊缝进行返修处理。

9. 清磨

钢构件组装焊接完成后，为了保证钢构件后道工序的油漆质量及成品的观感质量，需要对钢构件组装焊接时产生的飞溅物、毛刺及焊瘤等进行清除和打磨。

（二）钢构件预拼装

为了能够保证钢结构安装的顺利进行，钢构件在出厂前应根据工程的复杂程度、设计要求或图纸设计内容进行厂内预拼装。

1. 钢构件预拼装常用方法

（1）平装法

平装法适用于拼装跨度小、构件相对刚度较大的钢结构，如长18m以内的钢柱、跨度6m以内的天窗架及跨度21m以内的钢屋架的拼装。此拼装方法操作方便，无须稳定加固措施，也不需要搭设脚手架。焊缝焊接大多数为平焊缝，焊接操作简易，不需要技术很高的焊接工人，焊缝质量易于保证，矫正及起拱方便、准确。

（2）立拼拼装法

立拼拼装法可适用于跨度较大、侧向刚度较差的钢结构，如18m以上的钢柱、跨度9m及12m的窗架、跨度24m以上的钢屋架以及屋架上的天窗架。此拼装法可一次拼装多榀，块体占地面积小，不用铺设专用拼装操作平台或枕木墩，节省材料和工时，省略翻身工序，质量易于保证，不用增设专供块体翻身、倒运、就位、堆放的起重设施，缩短工期。

（3）模具拼装法

模具是指符合工件几何形状或轮廓的模型（内模或外模）。用模具来拼装组焊钢结构具有产品质量好、生产效率高等优点。对成批的板材结构、型钢结构，就考虑采用模具拼装法；桁架结构的装配模往往是用两点连直线的方法制成，其结构简单，使用效果好。

2. 钢构件预拼装要点

（1）钢构件预拼装的比例应符合施工合同和设计要求，一般按实际平面情况预拼装 10%~20%。

（2）构件在制作、拼装、吊装中所用的钢尺应一致，且必须经计量检验，并相互核对，测量时间宜在早晨日出前及下午日落后。

（3）各支承点的水平度应符合以下规定。

①当拼装总面积为 300~1000m² 时，允许偏差 ≤2mm。

②当拼装总面积为 1000~5000m² 时，允许偏差 ≤3mm。

（4）钢构件预拼装地面应坚实，胎架强度、刚度必须经设计计算而定，各支撑点的水平精度可用已计量检验的各种仪器逐点测定调整。

（5）在胎架上预拼装过程中，不允许对构件动用火焰、锤击等，各杆件的重心线应交会于节点中心，并应完全处于自由状态。

（6）高强度螺栓连接预拼装时，使用的冲钉直径必须与孔径一致，每个节点多于三个，临时普通螺栓数量一般为螺栓孔总数的 1/3。对孔径进行检测，试孔器必须垂直自由穿落。

（7）当多层板叠采用高强度螺栓或普通螺栓连接时，宜先使用不少于螺栓孔总数 10% 的冲钉定位，再采用临时螺栓紧固。临时螺栓在一组孔内不得少于螺栓孔总数的 20%，且不应少于两个，预拼装时应使用板层密贴。螺栓孔应采用试孔器进行检查。

（8）预拼装检查合格后，宜在构件上标中心线、控制基准线等标记，必要时可设置定位器。

（三）除锈、防腐涂装

1. 除锈、防腐涂装方法

（1）除锈方法

钢结构在防腐涂装前必须对被涂敷构件基层进行除锈，使表面达到一定的粗糙度，以便于涂料更有效地附着在构件上。根据国家标准《涂覆涂料前钢材表面处理表面清洁度的目视评定第1部分：未涂覆过的钢材表面和全面清除原有涂层后的钢材表面的锈蚀等级和处理等级》（GB/T 8923.1-2011）的规定，将除锈方法分为喷射和抛射除锈、手工和动力工具除锈、火焰除锈三种方法。

①喷射、抛射除锈用字母"Sa"表示，可分为四个等级：Sa1级为轻度的喷射或抛射除锈；Sa2级为彻底的喷射或抛射除锈；Sa2.5级为非常彻底的喷射或抛射除锈；Sa3级为使钢材表面洁净的喷射或抛射除锈。

②手工和动力工具除锈用"St"表示，可分为两个等级：St2级为彻底地手工和动力工具除锈；St3级为非常彻底的手工和动力工具除锈。

③火焰除锈用"F1"表示，在不放大的情况下观察时，要求钢材表面无氧化皮、铁锈和油漆层等附着物，任何残留的痕迹仅为表面变色（不同颜色的暗影）。

（2）防腐方法

钢结构的防腐方法主要有涂装法、热镀锌法和热喷铝（锌）复合涂层等。涂装法是钢结构最基本的防腐方法，它是将涂料涂敷在构件表面上结成薄膜来保护钢结构的。钢材的防腐涂层的厚度是保证钢材防腐效果的重要因素，目前国内钢结构涂层的总厚度（包括底漆和面漆）：要求室内厚度一般为100~150μm，室外涂层厚度为150~200μm。

2. 除锈、防腐涂装要点

（1）涂装前钢材表面除锈等级应满足设计要求并符合国家现行标准的规定。处理后的钢材表面不应有焊渣、焊疤、灰尘、油污、水和毛刺等。

（2）采用涂料防腐时，表面除锈处理后宜在4h内进行涂装。采用金属热喷涂防腐时，钢结构表面处理与热喷涂施工的间隔时间：晴天或湿度不大的气候条件下不应超过12h，雨天、潮湿、有烟雾的条件下不应超过2h。

（3）涂层应均匀，无明显皱皮、流坠、针眼和气泡。

（4）金属热喷涂涂层的外观应均匀一致，涂层不得有气孔、裸露母材的斑点、附着不牢的金属熔融颗粒和裂纹或影响使用寿命的其他缺陷。

（5）涂层要符合设计要求，涂装完成后，构件的标志、标记和编号应清晰完整。

3. 除锈、防腐涂装质量要求

（1）钢结构工程连接焊缝或临时焊缝、补焊部位，涂装前应清理焊渣、焊疤等污垢，钢材表面处理应满足设计要求。当设计无要求时，宜采用人工打磨处理，除锈等级不低于St3。

（2）高强度螺栓连接部位，涂装前应按设计要求除锈、清理，当设计无要求时，宜采用人工除锈、清理，除锈等级不低于 St3。

（3）防腐涂料、涂装遍数、涂装间隔、涂层厚度均应满足设计文件、涂料产品标准的要求。当设计对涂层厚度无要求时，涂层干漆膜总厚度，室外不应小于 150μm，室内不应小于 125μm。可用漆膜测厚仪检查。每个构件检测 5 处，每处的数值为 3 个相距 50mm 测点涂层干漆膜厚度的平均值。漆膜厚度的允许偏差应为−25μm。

（4）金属热喷涂涂层厚度应满足设计要求。金属热喷涂涂层结合强度应符合现行国家标准《热喷涂金属和其他无机覆盖层锌、铝及其合金》（GB/T 9793-2012）的有关规定。

（5）当钢结构处于有腐蚀介质环境、外露或设计有要求时，应进行涂层附着力测试。在检测范围内，当涂层完整程度达到 70% 以上时，涂层附着力可认定为质量合格。

（6）在施工过程中，钢结构连接焊缝、紧固件及其连接节点的构件涂层被损伤的部位，应进行涂装修补，涂装修补后的涂层外观质量应满足设计及《钢结构工程施工质量验收标准》（GB 50205-2020）的要求。

（7）喷涂油漆时应尽量减少构件与支点的接触面，以保证构件喷涂外观质量。

二、外围护部品构件的生产

钢结构的外围护部品构件的生产主要是压型金属板和保温夹芯板的加工。通常钢结构外围护包括屋面板、墙面板、楼层板以及泛水板、包角板、屋脊盖板等的加工。

（一）保温夹芯板加工方法

保温夹芯板是一种保温隔热材料（聚氨酯、聚苯或岩棉等）与金属面板间加胶后，经成型机辊压黏结成整体的复合板材。夹芯板板厚范围为 30~250mm，建筑围护常用的夹芯板厚度范围为 50~100mm。

另外，还有两种保温和隔热的做法，一种是在两层压型钢板间加岩棉保温和隔热；另一种是在两层压型钢板间加玻璃丝棉或在单层压型钢板下面加玻璃丝棉的做法，这种做法通常在现场与压型钢板复合。

（二）包边包角板、泛水板、屋脊盖板等的加工方法

包角板、压条板、泛水板、屋脊盖板等宜采用平板彩色钢板折叠形成，其断面形状如图 6-4 所示。

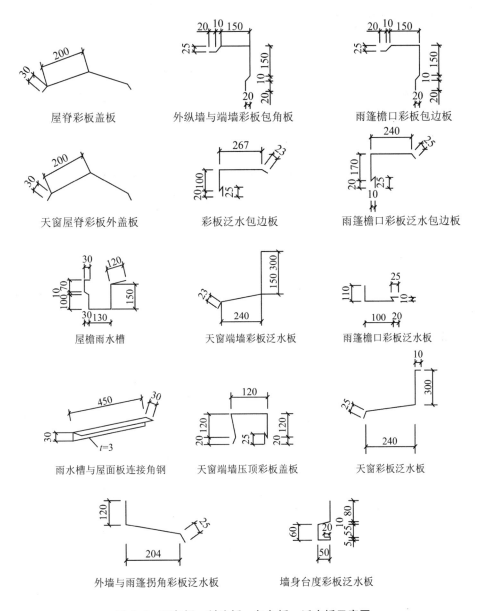

图 6-4 压条板、封边板、包角板、泛水板示意图

围护构件加工要点如下：

1. 压型板的厚度、颜色、规格尺寸应满足设计要求。

2. 压型板成型后，其基板不应有裂纹。

3. 保温夹芯板内保温隔热材料与金属面板间应黏结牢固。

三、内装部品的生产

内装部品的生产加工应包括深化设计、制造或组装、检测及验收，并应符合下列规定。

一是内装部品生产前应对已经预留的预埋件和预留孔洞进行采集、核验，对于已经形成的偏差，在部品生产时尽可能予以调整，实现建筑、装修、设备管线协同，测量和生产数据均以 mm 为单位。

二是生产厂家应对出厂部品中每个部品进行编码，并宜采用信息化技术对部品进行质量追溯。

三是部品生产时宜适度预留公差，有利于调剂装配现场的偏差范围与规模化生产效率。部品应进行标注并包含详细信息，有利于装配工人快速识别并准确应用，既提高装配效率又避免部品污染与损耗。

四是对内装部品进行编码，是对装修作业质量控制的产业升级，便于运营和维护。

五是部品生产应使用节能环保的材料，并应符合现行国家标准《民用建筑工程室内环境污染控制标准》CB 50325-2020 的有关规定。

六是内装部品生产加工要求应根据设计图样进行深化，满足性能指标要求。

四、钢结构生产常用机具设备

钢结构建筑部品构件的生产常用机具设备有各种切割剪板设备、钻孔设备、边缘加工设备、组焊矫设备、起重设备等。

（一）切割剪板设备

钢结构切割设备常用的有自动切割机、半自动切割机、砂轮切割机、割炬、剪板机和机械切割机等。下料时，根据钢材截面形状、厚度以及切割边缘质量要求不同采用不同的切割设备。

1. 自动、半自动切割机。自动、半自动切割机可以切割机械切割难以达到的形状和厚度，主要利用燃烧的气体产生的火焰进行切割，气体可分为氧气-乙炔、氧气-丙烷、C3 混合气等。钢结构常用的自动切割机有数控火焰切割机和等离子切割机。

（1）数控火焰切割机。钢结构钢板下料常用龙门式数控火焰切割机，主要利用燃烧的气体产生的火焰对各种钢板进行直线、曲线切割。

（2）数控等离子切割机。数控等离子切割机主要用于不锈钢材料及有色金属的切割。

2. 砂轮切割机。砂轮切割机，又叫砂轮锯，砂轮切割机适用于建筑、五金、石油化工、机械冶金及水电安装等部门。砂轮切割机可对金属方扁管、方扁钢、工字钢、槽型钢、碳元钢、元管等材料进行切割的常用设备。

3. 锯床。锯床是可以对各种钢材进行连续锯割的下料设备。

4. 剪板机。钢板厚度小于 12mm 的直线性切割常采用剪板机。剪板机是用一个刀片相对另一刀片做往复直线运动。剪板机的种类比较多，可根据需要选用适合企业生产的剪板机。

5. 冲裁机。对成批生产的构件或定型产品，可用冲裁下料，可提高生产效率和产品质量。冲裁时，材料置于凸凹模之间，在外力的作用上，凸凹模产生一对剪切力（剪切线通常是封闭的），材料在剪切力作用下被分离。

（二）钻孔设备

1. 摇臂钻床。摇臂钻床广泛应用于单件和中小批生产中，加工体积和质量较大的工件的孔。

2. 冲孔机。冲孔机可以用于薄板、角铁、扁铁、铜板等金属板材打孔。对一些孔要求精度不高的薄板零件可采用冲孔方法。

3. 磁力钻。磁力钻在钢结构加工中常用于悬空作业及台钻不方便加工位置的钻孔。

4. 数控平面钻床。数控平面钻床是按设备使用说明的要求编好程序，然后通过设备的控制系统对钢板平面进行打孔。与其他钻孔设备相比，数控平面钻制孔具有速度快、精度高等优点。

5. 数控三维钻床。数控三维钻床是按设备说明要求编好程序，然后通过设备的控制系统对部件或构件两个以上平面进行钻孔。常用于钢结构中 H 型钢、槽钢的不同方向位置的钻孔，具有精度高、速度快、操作方便等特点。

（三）边缘加工设备

1. 手铲、手锤、铲锤对加工质量要求不高并且工作量不大的边缘加工，可采用铲边的方法。铲边常用手锤、手铲和铲锤。

2. 刨边机。刨边机用于对焊接板材切割面毛刺的预处理，对焊接板材预处理前板材长度及宽度大小不一的修正以及对板材或型材焊接焊口的加工。

3. 端面铣因设计要求，钢结构生产对有些构件的端部边缘进行铣边。常用的铣边设备有端面铣。

4. 切割机钢结构生产中，常用手工气割和半自动、自动切割机进行坡口切割。

5. 碳弧气刨在钢结构焊接生产中，主要用碳弧气刨来刨槽、消除焊缝缺陷和背面清根，以保证焊缝的焊接质量。

（四）组焊矫设备

1. 组立机。钢结构用到的组立机，主要用于焊接 H 型钢和箱型构件的组装。

2. 埋弧焊机。主要用于钢结构 H 型钢的主焊缝的焊接，钢结构常用龙门式埋弧焊机。

3. 矫正机。矫正机主要用于钢结构组焊 H 型钢的翼板平面度的矫正。

4. 组焊矫一体机。是对 H 型钢集组立、焊接、矫正为一体的设备，具有省力高效的特点。

5. 电渣焊机。主要用于钢结构中箱型柱内隔板的焊接。

（五）其他操作设备

1. 折弯机。折弯机是一种能够对薄板进行折弯的机器，分为手动折弯机、液压折弯机和数控折弯机。

2. 电焊机。电焊机是钢结构中必不可少的常用焊接设备，主要用于部品构件间须焊缝连接的部位的焊接。

3. 抛丸机。抛丸机主要用于对钢构件表面的除锈，以达到规范对钢构件表面除锈等级要求。

4. 喷涂机。喷涂机主要用于对钢构件表面的油漆的喷涂，以达到对钢构件的防水、防锈的要求。

5. 压瓦机。压瓦机主要用于将定宽彩钢板压制成相应规格的彩钢瓦，彩钢瓦常用于钢结构的外围护。

6. C 型、Z 型钢机。C 型、Z 型钢机可将厚度较薄的带钢压折成相应规格的 C 型钢和 Z 型钢。C 型、Z 型钢常用作钢结构的屋面和墙面檩条。

第二节　钢结构的安装施工与维修

一、施工安装前的准备工作

一是检查安装支座及预埋件，取得经总包确认合格的验收资料。

二是编制钢结构安装施工组织设计，经审批后向队组交底。钢结构的安装程序必须确保结构的稳定性和不导致永久性的变形。

三是安装前，应注意以下两点：①构件在运输和安装中应防止涂层损坏；②钢结构须进行强度试验时，应按设计要求和有关标准规定进行。

四是了解已选定的起重、运输及其他辅助机械设备的性能及使用要求。

五是钢结构安装前根据土建专业工序交接单及施工图纸对基础的定位轴线、柱基础的标高、杯口几何尺寸等项目进行复测与放线，确定安装基准，做好测量记录。经复测符合设计及规范要求后方可吊装。

六是施工单位对进场构件的编号、外形尺寸、连接螺栓孔位置及直径等必须认真按照图纸要求进行全面复核，经复核符合设计图纸和规范要求后方可吊装。

二、基础类型与施工

（一）钢柱安装

1. 柱脚节点构造

（1）外露式铰接柱脚节点构造

①柱翼缘与底板间采用全焊透坡口对接焊缝连接，柱腹板及加劲板与底板间采用双面角焊缝连接。[1]

②铰接柱脚的锚栓直径应根据钢柱板件厚度和底板厚度相协调的原则确定，一般取24~42mm，且不应小于24mm。锚栓的数目常采用2个或4个，同时应与钢柱截面尺寸以及安装要求相协调。钢架跨度小于或等于18m时，采用2M24；钢架跨度小于或等于27m时，采用4M24；钢架跨度小于或等于30m时，采用4M30。锚栓安装时应采用具有足够刚度的固定架定位。柱脚锚栓均用双螺母或其他能防止螺帽松动的有效措施。[2]

③柱脚底板上的锚栓孔径宜取锚栓直径加20mm，锚栓螺母下的垫板孔径取锚栓直径加2mm，垫板厚度一般为（0.4~0.5）d（d为锚栓外径），但不应小于20mm，垫板边长取3（d+2）。

（2）外露式刚接柱脚节点构造

①外露式钢接柱脚，一般均应设置加劲肋，以加强柱脚刚度。

②柱翼缘与底板间采用全焊透坡口对接焊缝连接，柱腹板及加劲板与底板间采用双面角焊缝连接。角焊缝焊脚尺寸不小于 $1.5\sqrt{t_{\min}}$，不宜大于 $1.2t_{\max}$，且不宜大于16mm；（$t_{\min}$ 和 $t_{\max}$ 分别为较薄和较厚板件厚度）。

③钢接柱脚锚栓承受拉力和作为安装固定之用，一般采用Q235钢制作。锚栓的直径不宜小于24mm。底板的锚栓孔径不小于锚栓直径加20mm；锚栓垫板的锚栓孔径取锚栓直径加2mm。

锚栓螺母下垫板的厚度一般为（0.4~0.5）d，但不宜小于20mm，垫板边长取3（d

---

① 刘洋. 钢结构［M］. 北京：北京理工大学出版社，2018.

② 朱锋，黄珍珍，张建新. 钢结构制造与安装3版［M］. 北京：北京理工大学出版社，2019.

+2）。锚栓应采用双螺母紧固。为使锚栓能准确锚固于设计位置，应采用具有足够刚度的固定架。

（3）插入式钢接柱脚节点构造

对于非抗震设计，插入式柱脚埋深 $d_c \geq 1.5hb$ ，且 $d_c \approx 500mm$ ，不应小于吊装时钢柱长度的 1/20；对于抗震设计，插入式柱脚埋深 $d_c \geq 2hb$ ，同时应满足下式要求：

$$d_c \geq \sqrt{2M/b_c f_c}$$

其中，M 为柱底弯矩设计值；b_c 为翼缘宽度；f_c 为混凝土轴心抗压强度设计值。

2. 钢柱吊装

（1）钢柱安装有旋转吊装法和滑行吊装法两种方法。单层轻钢结构钢柱应采用旋转吊装法。

①采用旋转法吊装柱时，柱脚宜靠近基础，柱的绑扎点、柱脚中心与基础中心三者应位于起重机的同一起重半径的圆弧上。起吊时，起重臂边升钩、边回转，柱顶随起重钩的运动，也边升起、边回转，将柱吊起插入基础。

②采用滑行法吊装柱时，起重臂不动，仅起重钩上升，柱顶也随之上升，而柱脚则沿地面滑向基础，直至将柱提离地面，将柱子插入杯口。

（2）吊升时，宜在柱脚底部拴好拉绳并垫以垫木，防止钢柱起吊时，柱脚拖地和碰坏地脚螺栓。

（3）钢柱对位时，一定要使柱子中心线对准基础顶面安装中心线，并使地脚螺栓对孔，注意钢柱垂直度，在基本达到要求后，方可落下就位。通常，钢柱吊离杯底 30 ~ 50mm。

（4）对位完成后，可用 8 只木楔或钢楔打紧或拧上四角地脚螺栓临时固定。钢柱垂直度偏差应控制在 20mm 以内。重型柱或细长柱除采用楔块临时固定外，必要时增设缆风绳拉锚。

3. 钢柱固定

（1）临时固定

柱子插入杯口就位并初步校正后，即用钢或硬木楔临时固定。当柱插入杯口使柱身中心线对准杯口或杯底中心线后刹车，用撬杠拨正，在柱与杯口壁之间的四周空隙，每边塞入两块钢或硬木楔，再将柱子落到杯底并复查对线，接着同时打紧两侧的楔子，起重机即可松绳脱钩进行下一根柱的吊装。

对重型或高在 10m 以上细长钢柱及杯口较浅的钢柱，如果遇刮风天气，应在大面两侧加缆风绳或支撑来临时固定。

（2）钢柱最后固定

钢柱校正后，应立即进行固定，同时还须满足以下规定：①

①钢柱校正后应立即灌浆固定。若当日校正的柱子未灌浆，次日应复核后再灌浆，以防因刮风导致楔子松动变形和千斤顶回油等而产生新的偏差。

②灌浆（灌缝）时应将杯口间隙内的木屑等建筑垃圾清除干净，并用水充分湿润，使其能良好结合。

③当柱脚底面不平（凹凸或倾斜）或与杯底间有较大间隙时，应先灌一层同强度等级的稀砂浆，充满后再灌细石混凝土。

④无垫板钢柱固定时，应在钢柱与杯口的间隙内灌比柱混凝土强度等级高一级的细碎石混凝土。先清理并湿润杯口，分两次灌浆，第一次灌至楔子底面，待混凝土强度等级达到25%后，将楔子拔出，再二次灌到与杯口齐平。

⑤第二次灌浆前须复查柱子垂直度，超出允许误差时应采取措施重新校正并纠正。

⑥有垫板安装柱（包括钢柱杯口插入式柱脚）的二次灌浆方法，通常采用赶浆法或压浆法。

⑦捣固混凝土时，应严防碰动楔子而造成柱子倾斜。

⑧采用缆风绳校正的柱子，待二次所灌混凝土强度达到70%，方可拆除缆风绳。

（二）钢吊车梁安装

钢吊车梁一般绑扎两点。梁上设有预埋吊环的吊车梁，可用带钢钩的吊索直接钩住吊环起吊；自重较大的梁，应用卡环与吊环吊索相互连接在一起；梁上未设吊环的可在梁端靠近支点，用轻便吊索配合卡环绕吊车梁（或梁）下部左右对称绑扎，或用工具式吊耳吊装。同时，应注意以下几点。

一是绑扎时吊索应等长，左右绑扎点对称。

二是梁棱角边缘应衬以麻袋片、汽车废轮胎块、半边钢管或短方木护角。

三是在梁一端拴好溜绳（拉绳），以防就位时左右摆动，碰撞柱子。

梁的定位校正如下：

一是高低方向校正主要是对梁的端部标高进行校正。可用起重机吊空、特殊工具抬空、油压千斤顶顶空，然后在梁底填设垫块。

二是水平方向移动校正常用撬棒、钢楔、花篮螺栓、链条葫芦和油压千斤顶进行。一般重型行车梁用油压千斤顶和链条葫芦解决水平方向移动较为方便。

三是校正应在梁全部安完、屋面构件校正并最后固定后进行。重量较大的吊车梁，也可边安边校正。校正内容包括中心线（位移）、轴线间距（跨距）、标高垂直度等。纵向位移在就位时已校正，故校正主要为横向位移。

吊车梁校正完毕，应立即将吊车梁与柱牛腿上的埋设件焊接固定，在梁柱接头处支侧模，浇筑细石混凝土并养护。

（三）钢结构工程安装方案

吊装顺序是先吊装竖向构件，后吊装平面构件。竖向构件吊装顺序为柱—连系梁—柱间支撑—吊车梁托架等。单种构件吊装流水作业，既保证体系纵列形成排架，稳定性好，又能提高生产效率；平面构件吊装顺序主要以形成空间结构稳定体系为原则，安装顺序为第一榀钢屋架—第二榀钢屋架—屋架间上下水平支撑、垂直支撑—屋面板—第一幅钢天窗架—第三榀钢屋架—屋盖支撑—屋面板，依次循环。

以塔式起重机跨外分件吊装法（吊装一个楼层的顺序）为例，划分为四个吊装段进行。起重机先吊装第一吊装段的第一层柱 $1\sim14$，再吊装梁 $15\sim33$，形成框架；吊装第二吊装段的柱、梁；吊装第一、二段楼板；吊装第三、四段楼板，顺序同前。第一施工层全部吊装完成后，接着进行上层吊装。

三、各系统使用与维修

（一）主体结构使用与维修要求

钢结构建筑的《建筑使用说明书》中须标明主体结构设计的使用年限、结构体系、承重结构位置、使用荷载和装修荷载等。钢结构建筑的物业服务企业应根据《建筑使用说明书》在《检查与维护更新计划》中制定出主体结构的检查与维护制度，其主要范围包括主体结构损伤、建筑渗水、钢结构锈蚀、钢结构防火保护损坏等会对主体结构安全性和耐久性产生影响的因素。钢结构建筑的业主或使用者，不应改变原设计文件规定的建筑使用条件、使用性质及使用环境。在钢结构建筑的室内装饰装修和使用中，不能损伤主体结构。

钢结构建筑室内装饰装修和使用时出现下列中的一种情况，都应由原设计单位或具备有关资质的设计单位提出设计方案，并且根据设计方案中的技术要求来实现施工和验收。具体情况为，超过设计文件规定的楼面装修荷载或使用荷载；改变或损坏钢结构防火、防腐蚀的相关保护及构造措施；改变或损坏建筑节能保温、外墙及屋面防水相关构造措施。

装饰装修施工改动卫生间、厨房、阳台防水层的，应当依据现行相关防水标准制订设计、施工技术方案，并进行闭水试验。必要时，钢结构建筑的物业服务企业应将可能影响主体结构安全性和耐久性的有关事项提请业主委员会并交房屋质量检测机构评估，制订维护技术及施工方案，经具备资质的设计单位确认后实施。

（二）围护系统使用与维修

钢结构建筑的《建筑使用说明书》中围护系统的部分，主要包括以下内容，围护系统基层墙体和连接件的使用及维护年限；围护系统外饰面、防水层、保温以及密封材料的使用及维护年限；墙体可进行室内吊挂的部位、方法及吊挂力；日常与定期的检查与维护要求。

物业服务企业应依据《建筑使用说明书》，在《检查与维护更新计划》中制定出围护系统的检查与维护制度，其主要范围包括围护部品外观、连接件锈蚀、墙屋面裂缝及渗水、保温层破坏、密封材料的完好性等，并形成检查记录。

当发生地震、火灾等自然灾害时，灾后应检查围护系统，并根据破损程度加以维修。业主与物业服务企业应依据《建筑质量保证书》和《建筑使用说明书》中所用围护部品及配件的设计使用年限资料，对临近或已超过使用年限的实行安全评估。

（三）设备与管线使用维修要求

钢结构建筑的《建筑使用说明书》应包含设备与管线的系统组成、特性规格、部品寿命、维护要求、使用说明等；物业服务企业应在《检查与维护更新计划》中制定设备与管线的检查与维护制度，以此来保证设备与管线系统的安全使用。钢结构建筑公共部位及其公共设施设备与管线的维护重点包括水泵房、消防泵房、电机房、电梯、电梯机房、中控室、锅炉房、管道设备间、配电间（室）等，应依据《检查与维护更新计划》定期巡检和维护。业主或使用者自行装修的管线敷设不应损害主体结构、围护系统。设备与管线发生漏水、漏电等问题时，应及时维修或更换。

钢结构建筑的电梯维护，应依据国家相关的电梯安全管理规范、电梯维护保养规范等的要求，由取得国家质量技术监督检验检疫总局核发的特种设备安装改造维修许可证的维保单位进行，维保人员应具备相应的专业技能并经考核合格持证作业，并保留维护保养记录。

钢结构建筑消防设施的维护，应按我国现行国家标准《建筑消防设施的维护管理》（GB 25201）的有关规定执行；消防控制室的管理，还应满足国家、行业和地方的有关规定。钢结构建筑防雷装置的维护，应依据我国现行国家标准《建筑物电子信息系统防雷技术规范》（GB 50343）的有关规定执行，由专人负责管理。钢结构建筑智能化系统的维护，应按我国现行的规定，物业服务企业应制订智能化系统的管理和维护方案。

（四） 内装使用与维修要求

钢结构建筑的《建筑使用说明书》应包含内装做法、部品寿命、维护要求、使用说明等。物业服务企业应在《检查与维护更新计划》中规定对内装的检查与维护制度，并遵照执行。钢结构建筑的内装工程项目质量保修期限应不低于两年，易损易耗构件不低于市场一般使用时限。钢结构建筑的内装工程项目应建立易损部品构件备用库，保证项目运营维护的有效性及时效性。业主或使用者要对房屋进行装饰装修的，应提前告知物业服务企业。物业服务企业应向业主或使用者说明房屋装饰装修中的禁止行为和注意事项，并对装饰装修过程进行监督。钢结构建筑内装维护和更新时所采用的部品和材料。应符合《建筑使用说明书》中相应的要求。

（五） 其他

在进行装修改造时应注意以下几点。

一是不应破坏主体结构和连接节点。

二是不应破坏钢结构表面防火层和防腐层。

三是不应破坏外围护系统。

第三节　钢结构工程施工的质量控制

一、施工质量控制概述

我国国家标准 GB/T 1000 20000 对质量控制的定义是："质量控制是管理的一部分，致力于满足质量要求。"质量控制的目标就是确保产品的质量能满足顾客、法律、法规等方面所提出的质量要求（如适用性、可靠性、安全性）。质量控制的范围涉及产品质量形成全过程的各个环节，如设计过程、采购过程、生产过程、安装过程等。对施工项目而言，质量控制就是为了确保合同、规范所规定的质量标准，所采取的一系列检测、监控措施、手段和方法。[①] 施工项目质量控制的主要对策措施如下：

一是以人的工作质量确保工程质量。对工程质量的控制始终应"以人为本"，狠抓人

---

① 赵广民，李春花，彭秀花. 浅析工程施工质量控制措施 [J]. 东北水利水电，2009.

的工作质量，避免人的失误；充分调动人的积极性，发挥人的主导作用，增强人的质量观和责任感，使每个人牢牢树立"百年大计，质量第一"的思想，认真负责地搞好本职工作，以优秀的工作质量来创造优质的工程质量。

二是严格控制投入品的质量。严格控制投入品的质量，是确保工程质量的前提。对投入品的订货、采购、检查、验收、取样、试验均应进行全面控制，从组织货源，优选供货厂家，直到使用认证，做到层层把关。

三是全面控制施工过程，重点控制工序质量。对每一道工序质量都必须进行严格检查，当上一道工序质量不符合要求时，决不允许进入下一道工序施工。这样，只要每一道工序质量都符合要求，整个工程项目的质量就能得到保证。

四是严把分项工程质量检验评定关。分项工程质量等级评定正确与否，直接影响分部工程和单位工程质量等级评定的真实性和可靠性。在进行分项工程质量检验评定时，一定要坚持质量标准，严格检查，一切用数据说话，避免出现第一、第二判断错误。

五是贯彻"以预防为主"的方针。"以预防为主"，防患于未然，把质量问题消灭于萌芽之中，这是现代化管理的观念。

六是严防系统性因素的质量变异。系统性因素的特点是易于识别、易于消除，是可以避免的，只要我们增强质量观念，提高工作质量，精心施工，完全可以预防系统性因素引起的质量变异。

二、施工准备阶段的质量控制

（一）技术文件和资料准备的质量控制

1. 施工项目所在地的自然条件及技术经济条件调查资料。对施工项目所在地的自然条件和技术经济条件的调查，是为选择施工技术与组织方案收集基础资料，并以此作为施工准备工作的依据。

2. 施工组织设计。指导施工准备和组织施工的全面性技术经济文件。选定施工方案后，制定施工进度时，必须考虑施工顺序、施工流向，主要分部分项工程的施工方法，特殊项目的施工方法和技术措施能否保证工程质量。

3. 国家及政府有关部门颁布的有关质量管理方面的法律、法规性文件及质量验收标准。

4. 工程测量控制资料。施工现场的原始基准点、基准线，参考标高及施工控制网等数据资料，是施工之前进行质量控制的一项基础工作，这些数据资料是进行工程测量控制的重要内容。

5. 场地布置设计，规划车间高度。为满足预制构件使用条件、运输方便、统一归类以及不影响预制构件生产的连续性等要求，场地的平整及预制构件场地布置规划尤为重要。生产车间高度应充分考虑生产预制构件高度、模具高度及起吊设备升限、构件重量等因素，应避免预制构件生产过程中发生设备超载、构件超高不能正常吊运等问题。

（二）设计交底和图纸审核的质量控制

设计图纸是进行质量控制的重要依据。为使施工单位熟悉有关的设计图纸，充分了解拟建项目的特点，设计意图和工艺与质量要求，减少图纸的差错，消灭图纸中的质量隐患，要做好设计交底和图纸审核工作。[①]

1. 设计交底

工程施工前，由设计单位向施工单位有关人员进行设计交底。

主要内容：地形、地貌、水文气象、工程地质及水文地质等自然条件。

施工图设计依据：初步设计文件，满足规划、环境等要求，设计规范。

设计意图：设计思想，设计方案比较、基础处理方案、结构设计意图、设备安装和调试要求。施工进度安排等。

施工注意事项：对基础处理的要求，对建筑材料的要求，采用新结构、新工艺的要求，施工组织和技术保证措施等。[②]

2. 图纸审核

图纸审核是设计单位和施工单位进行质量控制的重要手段，也是使施工单位通过审查熟悉设计图纸，了解设计意图和关键部位的工程质量要求，发现和减少设计差错，保证工程质量的重要方法。[③] 对于装配工程，装配式混凝土建筑工程的设计单位以及施工图审查单位是工程质量责任主体，均应当建立健全质量保证体系，落实工程质量终身责任，依法对工程质量负责。设计单位应当完成装配式混凝土建筑的结构构件拆分及节点连接设计；负责构配件拆分及节点连接设计的设计单位完成工作后应经原设计单位审核；预制构配件生产企业应当会同施工单位根据施工图设计文件进行构件制作详图的深化设计，并经原设计单位审核认定。

---

① 王文睿, 王洪镇, 焦保平, 等. 建设工程项目管理 [M]. 北京: 中国建筑工业出版社, 2014.

② 解清杰, 高永, 郝桂珍. 环境工程项目管理 [M]. 北京: 化学工业出版社, 2011.

③ 江苏省建设教育协会. 施工员专业基础知识 土建施工 [M]. 北京: 中国建筑工业出版社, 2016.

三、施工过程的质量控制

（一）测量控制

一是对于给定的原始基准点，基准线和参考标高等的测量控制点应做好复核工作，经审核批准后，才能据此进行准确的测量放线。

二是施工测量控制网的复测。在复测施工测量控制网时，应抽检建筑方格网，控制高程的水准网点以及标桩埋设位置等。

三是民用建筑的测量复核。建筑定位测量复核、基础施工测量复核、皮数杆检测、楼层轴线检测、楼层间高层传递检测。

四是工业建筑的测量复核。工业厂房控制网测量、柱基施工测量、柱子安装测量、吊车梁安装测量、设备基础与预埋螺栓检测、高层建筑测量复核。

（二）材料控制

1. 对供货方质量保证能力进行评定

对供货方质量保证能力评定原则包括以下几点：

（1）材料供应的表现状况，如材料质量、交货期等。

（2）供货方质量管理体系对于按要求如期提供产品的保证能力。

（3）供货方的顾客满意程度。

（4）供货方交付材料之后的服务和支持能力。

（5）其他如价格、履约能力等。

2. 建立材料管理制度，减少材料损失、变质

对材料的采购、加工、运输/贮存建立管理制度，可加快材料的周转，减少材料占用量，避免材料损失、变质，按质、按量、按期满足工程项目的需要。

3. 对原材料、半成品、构配件进行标注

（1）进入施工现场的原材料、半成品、构配件要按型号、品种分区堆放，予以标注。

（2）对有防湿、防潮要求的材料，要有防雨防潮措施，并有标志。

（3）对容易损坏的材料、设备，要做好防护。

（4）对有保质期要求的材料，要定期检查，以防过期，并做好标注。

4. 优质原料筛选，关键材料复验

只有优质的原材料才能制作出符合技术要求的优质混凝土构件。预制混凝土构件时，尽量选用普通硅酸盐水泥。选用水泥的标号应与要求配制的构件的混凝土强度适应。通

常，配制混凝土时，水泥强度为混凝土强度的 1.5~2.0 倍。细集料应采用级配良好、质地坚硬、颗粒洁净、粒径小于 5mm、含泥量 3%的砂。进场后的砂应进行检验验收，不合格的砂严禁入场。粗集料要求石质坚硬、抗滑、耐磨、清洁和符合规范的级配。

5. 加强材料检查验收

用于工程的主要材料，进场时应有出厂合格证和材质化验单；凡标志不清或认为质量有问题的材料，需要进行追踪检验，以确保质量；凡未经检验和已经验证为不合格的原材料、半成品、构配件和工程设备不能投入使用。

6. 发包人提供的原材料、半成品，构配件和设备

发包人所提供的原材料、半成品、构配件和设备用于工程时，项目组织应对其做出专门的标志，接受时进行验证，贮存或使用时给予保护和维护，并得到正确的使用。上述材料经验证不合格，不得用于工程。发包人有责任提供合格的原材料。

7. 材料质量抽样和检验方法

材料质量抽样应按规定的部位、数量及采选的操作要求进行。材料质量的检验项目分为一般试验项目和其他试验项目，一般试验项目即通常进行的试验项目，其他试验项目是根据需要而进行的试验项目。材料质量检验方法有书面检验、外观检验、理化检验和无损检验等。

（三）计量控制

施工中的计量工作，包括施工生产时的投料计量，施工生产过程中的监测计量和对项目、产品或过程的测试、检验、分析计量等。

计量工作的主要任务是统一计量单位制度，组织量值传递，保证量值的统一。这些工作有利于控制施工生产工艺过程，促进施工生产技术的发展，提高工程项目的质量。因此，计量是保证工程项目质量的重要手段和方法，亦是施工项目开展质量管理的一项重要基础工作。①

（四）变更控制

工程项目任何形式上的、质量上的、数量上的变动，都称为工程变更，它既包括了工程具体项目的某种形式上的、质量上的、数量上的改动，也包括了合同文件内容的某种改动。

工程变更的范围：设计变更、工程量的变动、施工时间的变更、施工合同文件变更。

---

① 汪琳芳，赵志缙，马兴宝，等. 新编建设工程项目经理工作手册 [M]. 上海：同济大学出版社，2003.

工程变更可能导致项目工期、成本或质量的改变。因此，必须对工程变更进行严格的管理和控制。

（五）成品保护

在工程项目施工中，某些部位已完成，而其他部位还正在施工，如果对已完成部位或成品，不采取妥善的措施加以保护，就会造成损伤，影响工程质量。因此，会造成人、财、物的浪费和拖延工期；更为严重的是有些损伤难以恢复原状，而成为永久性的缺陷。

加强成品保护，要从两个方面着手，首先应加强教育，提高全体员工的成品保护意识；其次要合理安排施工顺序，采取有效的保护措施。

（六）构件质量控制

混凝土预制构件的生产技术和工艺一直是专家和学者研究的重点，随着预制构件企业的不断发展，混凝土配比技术、脱模剂的出现对改善预制构件的生产工艺起到积极的推动作用。

产品质量问题影响企业的生产效率和效益，对企业的长远发展会造成不利的影响，因此，找出影响产品质量问题的原因，提出改善措施，是企业关注的重点，也是需要继续研究的内容。

一是对现有操作进行简化和标准化处理，并引入防错装置，减少人为判断对实际生产的影响，更多地通过装置和标准来判断和进行相应的操作。

二是建立布料标准作业指导书，生产员工依据标准设定布料速度，避免生产员工变动对布料工艺的影响，避免布料过快产生气泡，造成构件表面蜂窝、麻面；提升老员工带新员工入岗的效率。

三是建议生产员工进行轮岗，以布料 10 块预制构件为一个周期进行人员的轮换。在布料过程中，员工操控布料设备，需要保持注意力，一旦操控不精确，就会导致混凝土溢出模具，造成混凝土的浪费。

四、竣工验收阶段的质量控制

（一）最终质量检验和试验

单位工程质量验收也称质量竣工验收，是建筑工程投入使用前的最后一次验收，也是最重要的一次验收。涉及安全和使用功能的分部工程应进行检验资料的复查。不仅要全面检查其完整性（不得有漏检缺项），而且对分部工程验收时补充进行的见证抽样检验报告也要复核。这种强化验收的手段，体现了对安全和主要使用功能的重视。

在分项、分部工程验收合格的基础上，竣工验收时再做全面检查。抽查项目是在检查资料文件的基础上由参加验收的各方人员商定，并用计量、计数的抽样方法确定检查部位。检查要求按有关专业工程施工质量验收标准的要求进行。还须由参加验收的各方人员共同进行观感质量检查。观感质量验收，往往难以定量，只能以观察、触摸或简单量测的方式进行，并由个人的主观意向判断，检查结果并不给出"合格"或"不合格"的结论，而是综合给出质量评价，最终确定是否通过验收。

单位工程技术负责人应按编制竣工资料的要求收集和整理原材料、构件、零配件和设备的质量合格证明材料，验收材料，各种材料的试验检验资料，隐蔽工程、分项工程和竣工工程验收记录，其他的施工记录等。[①]

（二）竣工文件的编制

一是项目可行性研究报告，项目立项批准书，土地、规划批准文件，设计任务书，初步（或扩大初步）设计，工程概算等。[②]

二是竣工资料整理，绘制竣工图，编制竣工决算。

三是竣工验收报告、建设项目总说明、技术档案建立情况、建设情况、效益情况、存在和遗留问题等。

四是竣工验收报告书的主要附件。竣工项目概况一览表、已完单位工程一览表、已完设备一览表、应完未完设备一览表、竣工项目财务决算综合表、概算调整与执行情况一览表、交付使用（生产）单位财产总表及交付使用（生产）财产一览表、单位工程质量汇总项目（工程）总体质量评价表，工程项目移交前施工单位要编制竣工结算书，还应将成套工程技术资料进行分类整理，编目建档。[③]

① 徐蓉. 建筑工程经济与企业管理 ［M］. 北京：化学工业出版社，2012.

② 张豫，何奕霏，袁中友，等. 建设工程项目管理 ［M］. 北京：中国轻工业出版社，2018.

③ 关罡，孙钢柱，陈捷. 建设行业项目经理继续教育教材 ［M］. 郑州：黄河水利出版社，2007.

参考文献

［1］ 本书编委会. 新编建设工程质量安全管理实务全书 第1卷 ［M］. 北京：企业管理出版社，2008.

［2］ 陈恩斯，陈志新，严立飞. 建筑施工组织与管理双色版 ［M］. 北京：航空工业出版社，2016.

［3］ 陈建平. 钢结构工程施工质量控制 ［M］. 上海：同济大学出版社，1999.

［4］ 陈正. 土木工程材料 ［M］. 北京：机械工业出版社，2020.

［5］ 邓晖，刘玉珠. 土木工程测量 ［M］. 广州：华南理工大学出版社，2015.

［6］ 付克璐. 土木工程测量 ［M］. 北京：北京理工大学出版社，2018.

［7］ 高振世，朱继澄，唐九如，等. 建筑结构抗震设计 ［M］. 北京：中国建筑工业出版社，1995.

［8］ 贡力. 土木工程概论2版. ［M］. 北京：中国铁道出版社，2014.

［9］ 关罳，孙钢柱，陈捷. 建设行业项目经理继续教育教材 ［M］. 郑州：黄河水利出版社，2007.

［10］ 郭辉，伍卫东. 建设工程实用绿色建筑材料 ［M］. 北京：中国环境科学出版社，2013.

［11］ 郭啸晨. 绿色建筑装饰材料的选取与应用 ［M］. 武汉：华中科技大学出版社，2020.

［12］ 韩玉民，李利，冷冰. 土木工程测量 ［M］. 武汉：武汉大学出版社，2014.

［13］ 郝永池. 建筑工程质量与安全管理 ［M］. 北京：北京理工大学出版社，2017.

［14］ 何夕平，刘吉敏. 土木工程施工组织 ［M］. 武汉：武汉大学出版社，2016.

［15］ 胡贤，武琳，罗毅. 结构工程施工与安全管理 ［M］. 南昌：江西科学技术出版社，2018.

［16］ 胡兴福. 建筑力学与结构4版. ［M］. 武汉：武汉理工大学出版社，2018.

［17］ 黄声享，高飞. 土木工程测量 ［M］. 武汉：武汉大学出版社，2019.

［18］ 黄珍珍，朱锋，郑召勇. 钢结构制造与安装2版. ［M］. 北京：北京理工大学出版

社，2014.

[19] 嵇德兰. 建筑施工组织与管理［M］. 北京：北京理工大学出版社，2018.

[20] 季宪军. 建筑结构抗震设计［M］. 长春：吉林大学出版社，2015.

[21] 济洋. 钢结构［M］. 北京：北京理工大学出版社，2018.

[22] 贾淑明，赵永花. 土木工程材料［M］. 西安：西安电子科技大学出版社，2019.

[23] 江苏省建设教育协会. 施工员专业基础知识土建施工［M］. 北京：中国建筑工业出版社，2016.

[24] 解清杰，高永，郝桂珍. 环境工程项目管理［M］. 北京：化学工业出版社，2011.

[25] 赖伶，佟颖. 建筑力学与结构［M］. 北京：北京理工大学出版社，2017.

[26] 雷俊卿，秦骧远. 土木工程项目管理手册［M］. 北京：人民交通出版社，1996.

[27] 李英民. 建筑结构抗震设计3版.［M］. 重庆：重庆大学出版社，2021.

[28] 林龙镔. 土木工程测量［M］. 北京：北京理工大学出版社，2018.

[29] 林拥军. 建筑结构设计［M］. 成都：西南交通大学出版社，2019.

[30] 刘勤. 建筑工程施工组织与管理［M］. 北京：阳光出版社，2018.

[31] 刘秋美，刘秀伟. 土木工程材料［M］. 成都：西南交通大学出版社，2019.

[32] 刘雁，李琮琦. 建筑结构［M］. 南京：东南大学出版社，2020.

[33] 刘洋. 钢结构［M］. 北京：北京理工大学出版社，2018.

[34] 刘智敏. 钢结构设计原理［M］. 北京：北京交通大学出版社，2019.

[35] 牛伯羽，曹明莉. 土木工程材料［M］. 北京：中国质检出版社，2019.

[36] 潘晓林，杨发青，黄平. 建筑施工员一本通修订版［M］. 合肥：安徽科学技术出版社，2019.

[37] 彭仁娥. 建筑施工组织［M］. 北京：北京理工大学出版社，2016.

[38] 邱建慧. 土木工程建筑概论［M］. 北京：国防工业出版社，2014.

[39] 商艳，沈海鸥，陈嘉健. 土木工程材料［M］. 成都：成都时代出版社，2019.

[40] 汪琳芳，赵志缙，马兴宝，等. 新编建设工程项目经理工作手册［M］. 上海：同济大学出版社，2003.

[41] 王红梅，孙晶晶，张晓丽. 建筑工程施工组织与管理［M］. 成都：西南交通大学出版社，2016.

[42] 王凯宁，于贺. 钢结构连接设计手册［M］. 北京：机械工业出版社，2015.

[43] 王若林. 钢结构原理［M］. 南京：东南大学出版社，2016.

[44] 王文睿，王洪镇，焦保平，等. 建设工程项目管理［M］. 北京：中国建筑工业出版社，2014.

［45］王宪军，王亚波，徐永利. 土木工程与环境保护［M］. 北京：九州出版社，2018.

［46］魏蓉，马丹祥. 工程质量控制与管理［M］. 北京希望电子出版社，2016.

［47］吴京戎. 土木工程材料［M］. 天津：天津科学技术出版社，2019.

［48］徐广舒，陈向阳，胡颖. 土木工程测量［M］. 北京：北京理工大学出版社，2020.

［49］徐蓉. 建筑工程经济与企业管理［M］. 北京：化学工业出版社，2012.

［50］杨红霞. 土木工程测量［M］. 武汉：武汉大学出版社，2018.

［51］杨杨，钱晓倩. 土木工程材料［M］. 武汉：武汉大学出版社，2018.

［52］殷和平，倪修全，陈德鹏. 土木工程材料［M］. 武汉：武汉大学出版社，2019.

［53］殷为民，高永辉. 建筑工程质量与安全管理［M］. 哈尔滨：哈尔滨工程大学出版社，2018.

［54］余代俊，崔立鲁. 土木工程测量［M］. 北京：北京理工大学出版社，2016.

［55］俞英娜，刘传辉，杨明宇. 土木工程概论［M］. 上海：上海交通大学出版社，2017.

［56］张国志，王海飙，杨海旭. 土木工程施工质量控制［M］. 哈尔滨：哈尔滨地图出版社，2006.

［57］张培信. 建筑结构各种体系抗震设计［M］. 上海：同济大学出版社，2017.

［58］张延瑞. 建筑工程施工组织［M］. 哈尔滨：哈尔滨工业大学出版社，2015.

［59］张银会，黎洪光. 建筑结构［M］. 重庆：重庆大学出版社，2015.

［60］张豫，何奕霏，袁中友，等. 建设工程项目管理［M］. 北京：中国轻工业出版社，2018.

［61］张志国，刘亚飞. 土木工程施工组织［M］. 武汉：武汉大学出版社，2018.

［62］张志国，姚运，曾光廷. 土木工程材料［M］. 武汉：武汉大学出版社，2019.

［63］赵广民，李春花，彭秀花. 浅析工程施工质量控制措施［M］. 东北水利水电，2009.

［64］郑江，杨晓莉. BIM 在土木工程中的应用［M］. 北京：北京理工大学出版社，2017.

［65］朱锋，黄珍珍，张建新. 钢结构制造与安装 3 版［M］. 北京：北京理工大学出版社，2019.

［66］朱浪涛. 建筑结构［M］. 重庆：重庆大学出版社，2020.